跨流域调水工程
相关技术及水价政策

中国水利学会调水专业委员会　编

中国水利水电出版社
www.waterpub.com.cn

内 容 提 要

本书为中国水利学会调水专业委员会 2014 年学术研讨会议文集。书中收录了跨流域调水工程相关技术和水价政策方面的部分技术成果，以期为广大读者提供有益的借鉴和参考，促进跨流域调水专业领域的学术交流、技术进步与制度创新，更好地服务于新时期跨流域调水工程建设。

本书可供从事水利工程规划设计、工程技术、建设管理等相关人员参考，也可作为水利院校相关专业的参考书。

图书在版编目（ＣＩＰ）数据

跨流域调水工程相关技术及水价政策 / 中国水利学会调水专业委员会编. -- 北京 : 中国水利水电出版社，2014.10
ISBN 978-7-5170-2604-4

Ⅰ．①跨… Ⅱ．①中… Ⅲ．①跨流域引水－调水工程－工程技术－文集②水价－物价政策－中国－文集 Ⅳ．①TV68-53②F426.9-53

中国版本图书馆CIP数据核字(2014)第229341号

书　名	跨流域调水工程相关技术及水价政策	
作　者	中国水利学会调水专业委员会　编	
出版发行	中国水利水电出版社	
	（北京市海淀区玉渊潭南路 1 号 D 座　100038）	
	网址：www.waterpub.com.cn	
	E-mail：sales@waterpub.com.cn	
	电话：（010）68367658（发行部）	
经　售	北京科水图书销售中心（零售）	
	电话：（010）88383994、63202643、68545874	
	全国各地新华书店和相关出版物销售网点	
排　版	北京三原色工作室	
印　刷	北京纪元彩艺印刷有限公司	
规　格	184mm×260mm　16 开本　12.5 印张　296 千字	
版　次	2014 年 10 月第 1 版　2014 年 10 月第 1 次印刷	
定　价	48.00 元	

凡购买我社图书，如有缺页、倒页、脱页的，本社发行部负责调换

版权所有·侵权必究

《跨流域调水工程相关技术及水价政策》

编 委 会

主　　　任：祝瑞祥

副　主　任：尹宏伟　金　旸

编委会成员：严汝文　杜　梅　彭　祥

　　　　　　徐　岩　姚建文　牛万军

　　　　　　阎庆胜

前　　言

人多水少，水资源时空分布不均，是我国的基本国情和水情。随着我国经济社会的快速发展，对水资源的需求不断增加，部分地区水资源短缺的问题日渐凸显。在大力加强节水和水污染防治的基础上，科学规划建设跨流域调水工程是实现区域水资源合理配置、提高区域水资源承载能力、解决缺水地区水资源供需矛盾的重要途径。跨流域调水工程是水利基础设施体系的重要组成部分，在保障国家水安全和促进区域经济社会发展中处于极其重要的地位，具有十分重要的作用。

自新中国成立以来，我国陆续实施了一大批跨流域调水工程，为受水区经济社会发展提供了重要的水资源保障。跨流域调水工程建设需要先进的理念和技术支撑，而针对工程自身特点，制定科学合理的水价政策是维持工程持续良性运行的重要制度保证，也是发挥市场对资源配置作用的重要体现。多年来，国内已建的许多大型跨流域调水工程在工程规划设计、运行调度技术以及水价政策制定、执行等诸多方面进行了积极的实践和探索，积累了大量的研究成果和实践经验。党的十八大提出要大力推进生态文明建设，对新时期的水利工作提出了更高的要求。在新的形势下，跨流域调水工程的规划论证、建设实施和运行管理，必须要全面贯彻"节水优先、空间均衡、系统治理、两手发力"的治水思路和"确有必要、生态安全、可以持续"的原则。

值此中国水利学会调水专业委员会 2014 年会召开之际，我们组织编撰本书，收录了跨流域调水工程相关技术和水价政策方面的部分技术成果，以期为广大读者提供有益的借鉴和参考，促进跨流域调水专业领域的学术交流、技术进步与制度创新，更好地服务于新时期跨流域调水工程建设。

参与供稿、编辑和审核的有关工程技术人员及专家对本书的编辑出版工作给予了大力支持，在此一并表示诚挚谢意！书稿虽经过认真校审，但由于受时间和编者水平所限，难免存有疏漏之处，敬请读者谅解和指正。

编者

2014 年 9 月 28 日

目　　录

跨流域调水工程水价政策

跨流域调水工程相关技术

创新调水理念 拓展蓄水功能

——论胶东调水工程的蓄水功能

郑瑞家 马吉刚 高月奎 张伟

（山东省胶东调水局）

摘 要： 本文阐述了传统调水工程仅为城市及沿线区域供水的单一属性，提出调水工程输水渠及相关河道常年蓄水，调蓄并举，实现调水工程蓄水常态化的理念，以利于保护水资源、涵养水源及工程养护等。在此基础上，论述了调水工程扩展蓄水功能，实现单一功能为复合功能，并提出了调水工程拓展蓄水功能合理化发展建议。

关键词： 调水工程；蓄水功能；蓄调并举；建议

1 胶东调水工程概况

胶东调水工程是山东省"T"形骨干水网的重要组成部分，包括引黄济青工程和胶东地区引黄调水工程。

引黄济青工程自滨州市博兴县黄河打渔张闸引水，通过高低输沙渠将水引至长 6km 宽 600m 的渠首沉沙后，经由滨州、东营、潍坊、青岛四个地级市 10 个县（市、区），采用明渠输水方式输水至青岛市棘洪滩水库，渠道全长 252.5km，建有 4 级提水泵站、434 座倒虹吸、涵闸、桥梁等建筑物。渠首设计引水流量 41m³/s，渠末设计输水流量 23m³/s。工程于 1986 年开工建设，1989 年建成通水，至今已运行 25 年，为青岛市及工程沿线地区经济社会的可持续发展提供了可靠的水源保证。

胶东地区引黄调水工程利用现有引黄济青工程输水至昌邑县宋庄镇，新建宋庄分水闸分水，并新辟输水明渠至龙口市黄水河泵站，再经压力管道、任家沟隧洞、村里隧洞及清洋河暗渠输水至烟台市门楼水库，在清洋河暗渠末端新建高疃泵站分水，沿门楼水库北岸、烟台市南外环、烟威公路铺设压力管道输水，穿卧龙隧洞等至威海市米山水库。新辟输水线路 309.5km（其中明渠 159km，管道 102km，暗渠 30km，隧洞 15km），设 7 级提水泵站、5 座隧洞、6 座大型渡槽，其它水闸、倒虹吸、桥梁等建筑物 411 座。工程以黄河水和长江水为水源，兼引当地河流雨洪水资源。胶东调水工程全长 562km，建有 11 级泵站，建水工建筑物 800 多座，近期调引黄河水 2.525 亿 m³，远期调引黄河及长江水 4.86 亿 m³。

胶东调水工程在构建山东省河湖相连、河库相连、库库相连、河河相连的现代水网中起重要作用，具有重要战略地位。

2 胶东调水工程蓄水能力

胶东调水工程调度运行沿用传统水利工程设计运行模式，输水工程将水输送到棘洪滩、门楼、米山水库调蓄水库储存，输水工程和蓄水工程功能相互分割，非运行期，整个输水工程干涸，输水河裸露在空中，功能单一，其蓄水潜力得不到有效发挥。

为扩大调水工程有效利用，充分发挥现有水利工程的作用，在非调水时期，增加调水工程的蓄水功能，挖掘调水工程能蓄水、多存水功能。经初步估算，在现状情况下，胶东调水工程可蓄水 4430 万 m^3，相当于一个中型水库。其中，渠首沉沙池 950 万 m^3；小清河子槽、引黄济青工程输水河道经改扩建后蓄水能力在 2000 万 ~ 4000 万 m^3，平均为 3000 万 m^3；胶东地区引黄调水工程从宋庄分水闸至米山水库新建渠道约 310km，根据工程设计，在渠道正常设计水位下可蓄水 480 万 m^3。如果沉沙池及小清河子槽清淤，整条渠道可蓄水 5080 万 m^3，也是相当于一个中型水库。按当前物价指数测算，在目前情况下建设一座兴利库容为 5000 万 m^3 的平原水库需要占地 1.1 万亩，投资 8.1 亿元。

3 山东境内调水工程蓄水能力

按照上述思路，山东省南水北调工程、大型灌区及区域调水工程，应当实行调蓄并举，充分发挥输水河渠蓄水功能，实现常年蓄水。按照最新水利普查资料，全省现有上述工程输水渠长达 15000km，按设计正常蓄水位蓄水，匡算可蓄水 2.25 亿 m^3（按设计水深 1.5m，渠宽 10m 计），在不增加投资的情况下，相当于兴建了 6 座中型水库。按寿光双王城水库规模比算，可节省各级政府投资近 50 亿元，减少占地 7 万亩左右。如果按这个理念在全国范围内实施，其效益将是巨大的。创新理念可以为我们带来巨大的经济、生态与社会效益。

4 胶东调水工程调蓄并举的效益分析

4.1 补充地下水资源

根据 25 年运行资料分析，胶东调水输水工程蓄水后，每年可补充地下水 5912 万 m^3。其中渠首工程补充 1576 万 m^3，输水河补充 799 万 m^3，棘洪滩水库补充 1179 万 m^3，门楼、米山水库补充地下水 2358 万 m^3。可有效提高工程沿线区域内的地下水位，补充地下水资源，解决当地人畜吃水和农业灌溉用水，有效改善青岛地区 150km^2 及胶东半岛地下漏斗区状况。

山东省除南水北调工程外，全省共有跨流域引调水工程 7 处，设计引水量 155.99m^3/s,设计年引水量 7.30 亿 m^3，输水干线总长度 1029.06km，按胶东调水工程输水干线长度补充地下水量估算，全省 7 处跨流域调水工程每年可补充地下水 2.40 亿 m^3，若含南水北调工程估计每年可补充地下水约 4.00 亿 m^3，对地下水位的提高，涵养地下水源，改善土壤结构，环境生态修复，意义重大。

4.2　改善局域气候

按胶东调水棘洪滩水库长期观测数据，青岛棘洪滩水库地区年蒸发量为 785mm。据此推算，胶东调水工程常年蓄水后，蒸发水量为 4676 万 m^3（含门楼、米山水库），其中渠首沉沙池蒸发水量 330 万 m^3，输水河蒸发水量 809 万 m^3，青岛棘洪滩水库、烟台门楼水库、威海米山水库蒸发水量 3537 万 m^3。

胶东调水工程按环境温度 15℃，相对湿度 60%环境条件测算，每年可为 35966 亿 m^3 空气相对湿度提高 10%。

山东省 7 处跨流域调水工程输水干线总长度按环境温度 15℃，相对湿度 60%推算，每年可为 79033 亿 m^3 空气提高相对湿度 10%。

由此可见输水工程常年蓄水后可以改善区域气候，降低粉尘及 PM2.5 等危害，促进局域气候良性循环。

4.3　促进生态修复

工程沿线水系生态得到改善。引黄济青工程通水运行 25 年来，一方面回补地下，抬高了地下水位，部分地段地下水位上升非常明显；另一方面，渗水压制了咸水的入侵，改善了渠道两侧的土地状况，保护了生态环境，尤其是昌邑、寒亭、寿光等北部沿海咸水地区受益明显。

调度运行前期分水可恢复和改善沿线河道生态环境。引黄济青工程在每年的运行过程中，通过科学调度，把冲刷渠道的黄河水进行合理利用，通过泄水闸向周边河道分水，截至 2013 年底，共分水 6.27 亿 m^3。大量回灌了地下水，较好地改善了当地河道的生态环境。

5　发挥调水工程调蓄并举的几点建议

（1）拓宽规划设计思路，增加调水工程的蓄水功能。因地制宜，充分利用湖泊、湿地、河流等水利工程，传统跨流域调水工程在规划设计上，调水工程水体与穿越的河湖湿地等当地水体实行立交，目的是防止调水工程的水体污染。笔者认为应当充分利用这些河湖湿地等天然和已建水利工程，利用它们蓄水功能，在规划设计调水工程阶段，应充分挖掘现有水工程作用，充分利用调水工程沿线湖泊、湿地、河流等水利工程，扩大调水工程蓄水功能，合理处理好调水工程与现有水工程间的功能兼顾问题。最终实现调水工程调水和蓄水功能并举，拓展调水工程的蓄水功能。

（2）有关主管部门立项专门研究。跨流域调水工程挖掘蓄水潜力，发挥调水工程的蓄水功能，实行调、蓄、供并举，可以节省建设调蓄水库的资金，充分发挥现有水利工程潜能。建议有关主管部门，将此列为水利行业宏观发展科研课题，深入研究其可行性、关键技术问题及对策措施。在深入细致研究确定可行基础上建议上升为水利建设的重要内容，通过跨流域调水工程建设，实现调水工程"调蓄并举"，达到水工程综合治理，充分发挥工程综合效益。

（3）相关部门制定优惠政策。政府相关部门安排专项经费用于调水工程蓄水功能开发与政策研究，组织技术人员对现有调水工程进行调研，提出可行技术方案。在此基础上，按照先行先试原则，在有条件地区推广应用，充分发挥调水工程现有蓄水功能，扩宽调水工程综合功能。

季节冻土区跨流域调水工程明渠衬砌结构型式探讨

谢成玉　　王国志

（黑龙江省引嫩工程管理处）

摘　要： 我国多年冻土和冬季冻土面积占国土面积的 75%，其中冻结深度大于 0.5m 的地区约占全国总面积的一半。北方季节冻土区大多干旱缺水，修建跨流域调水工程是必然选择。我国已建和在建的跨流域调水工程绝大多数采用明渠输水方式，输水渠道是跨流域调水工程的重要组成部分，合理选择渠道衬砌型式，确保输水明渠边坡稳定，既是工程建设期决定投资的重要因素，更是制约工程建成后运行安全、工程维修养护费用的关键因素。本文首次将渠基划分为主冻胀区和副冻胀区，从季节冻土区明渠衬砌的工程实践方面探讨了构建季节冻土区柔性护坡的衬砌体系。

关键词： 季节冻土区；跨流域调水；明渠；衬砌结构型式

1　跨流域调水工程明渠衬砌结构应用型式及主要问题

1.1　现状情况

所谓明渠衬砌结构就其功能而言包括两个方面：一方面是防渗作用，提高渠道水利用效率；另一方面是护坡作用，防止渠道坡面冲蚀，保持坡体稳定。

跨流域调水工程输水明渠工程规模较大，要求标准较高。目前已建和在建的大多数跨流域调水工程为减少渠道渗漏损失，提高渠道抗冲能力和输水能力，衬砌结构都采用了混凝土板衬砌和土工膜防渗相结合的型式。这种衬砌式防渗效果好，抗冲性能佳、耐久性强、糙率小，可以极大地减小输水断面面积，从而减少占地和工程量，其施工工艺成熟、工效高，是目前我国跨流域调水工程应用最广泛的明渠衬砌型式。南水北调中线工程总干渠采用全断面混凝土衬砌，渠坡衬砌厚度 10cm，渠底 8cm，其下为土工膜和垫层以及防冻和排水等设施。

尽管混凝土板衬砌和土工膜防渗相结合的衬砌型式得到了广泛的应用，但该结构是一种较为脆弱的薄壁结构，抵抗地基变形、浮托力和冻胀等外力破坏能力较低，若加大混凝土结构厚度及采取换填、保温等抗冻胀措施又对工程投资影响较大。特别是在北方深季节冻土区，因渠基上反复冻融、膨胀隆起、融化沉降，常常造成衬砌板开裂、接缝错位、滑坡坍塌，影响渠坡稳定和防渗效果。季节冻土区采取的抗冻胀结构要么造价太高、要么冻害现象时常发生。据辽宁省有关部门观测，大块现浇混凝土板在冻胀量超过 2cm 时就会出现冻胀裂缝，冻胀量大于 10cm 时预制混凝土板会产生冻融滑塌。据笔者多年的观察，深季节冻土区填方及砂砾石渠基混凝土板衬砌 10 年以上没有变化，平原区挖方渠道、挖填结合渠道及丘陵区地表起伏较大渠段的混凝土衬砌结构在 3~5 年内有程度不同的位移和破坏，在河滩地段及渠堤外地势低洼渠段衬砌结构不到 3 年就严重脱坡、滑塌。

吉林省哈达山输水干渠曾采取混凝土铰接块结合长丝土工布，30cm 厚格宾网垫结合长丝上工布、12cm 厚铰链式模袋混凝土结合长丝土工布等试验措施。2010 年黑龙江省北部引嫩工程结合工程扩建在总干渠进行了格宾网垫护坡（厚 17cm）、预制混凝土板加 PU 保温苯板护坡、加筋麦克垫护坡、混凝土铰接块（厚 15cm）结合长丝土工布护坡，铰接块内填充卵石等项试验，目前看混凝土铰接块结合长丝土工布方案效果较好，但施工复杂，造价最高。还有些地方采用模袋混凝土，土工格室等新型复合材料，基本都是尝试采用柔性结构，没有考虑降低糙率。

1.2 存在的主要问题

目前我国渠道衬砌防冻胀设计采用"允许一定冻胀位移量"的工程设计标准和"回避、适应、削减或消除冻胀"的防冻害原则和技术措施。设计依据是《调水工程设计导则》（SL 430—2008）、《渠系工程抗冻胀设计规范》（SL 23—2006），规范执行中存在以下问题。

（1）采取"回避措施"越来越难。《调水工程设计导则》（SL 430—2008）规定：总干渠（明渠）布置一般要求地面起伏小，高程适中，穿越地形起伏较大的不平坦或丘陵区、线路应大致沿等高线布置，尽量避免深挖和高填。《渠系工程抗冻胀设计规划》（SL 23—2006）规定：有条件时，衬砌渠道的线路宜避开强冻胀性土和地下水埋渠较浅的地段，宜采用填方渠道并使渠底高于地下水水位的距离不小于（Z_0+Z_d）。上述规定要求渠道选线时要尽量避开渠坡、渠基复杂产生强冻胀地段，但在工程占地约束越来越紧的条件下很难实施。

（2）"削减措施"不易把握渠道衬砌厚度小、自重轻，对冻胀作用十分敏感。混凝土板衬砌渠道对冻胀变形量最敏感，其最大允许位移值为 3cm，对应的冻深仅为 10~20cm 之间。"削减措施"主要有换填法、保温法、隔水排水法。换填法应严格保证置换土料的非冻胀性和防止使用期间受细颗粒淤塞，在冻结期不饱水或者有排水出路，这在较长工况下很难保证。保温法存在施工质量不好控制和保温板厚度较难选择的问题。如果保温板的接缝处理不好产生冷桥就等于没做保温措施。衬砌渠道是一种线路性工程，沿渠土质、水分补给条件和渠道走向有很大变化，影响冻深的因素很多，地下水位埋深以及地表接受的日照和遮阴程度、表面积雪和基土土质都影响冻深，因此保温板厚度的选择有局限性。隔水排水法一是要保证隔水材料在施工期及运行期不被破坏，二是要保证纵、横向排水管在运行期不淤塞，这在持久工况下也很能保证。

众多的不确定因素组合在一起就构成不可靠事件。

（3）糙率问题。《调水工程设计导则》（SL 430—2008）规定：人工输水渠道衬砌方案应根据当地气候、环境、地质等自然条件，结合渠道断面设计、过水能力、工程投资和运行维护等要求比较选定。提高糙率势必加大渠道断面面积进而增加工程占地和投资，这是十分明确的，而衬砌结构的可靠程度及运行期增加多大的维护费用是未知的，因此在设计阶段衬砌结构是降糙为主还是确保可靠为先是个矛盾。

2 季节冻土区跨流域调水工程渠道衬砌破坏成因及防治措施

2.1 破坏成因

根据笔者多年对黑龙江省北部引嫩工程的观察，渠道衬砌破坏成因有以下几点：

（1）混凝土表面剥蚀破坏，衬砌体强度降低导致进一步破坏，主要是混凝土抗冻标号不够。

（2）渠坡坡顶防护不够，强降雨时渠坡面冲蚀形成雨冲沟破坏坡肩，坡体土质流失而导致衬砌体失稳塌陷。在湿陷性土、膨胀土、分散土渠段以及有地形起伏、面蚀突出地段较为严重。

（3）预制混凝土板衬砌在渠基土冻胀力作用下上抬、隆起，春季气温回升冻土消融、土体融沉，由于土体冻胀和融沉不是简单的可逆过程，在土体融沉和砌体复位时总留有残余变形，逐年累积导致砌体错位下滑。最大冻胀量一般产生在距渠底垂直高度 1~1.5m 渠坡范围内。

（4）现浇混凝土板衬砌在冻结作用的约束下，以及渠基不均匀法向冻胀力、不均匀融沉作用下，当混凝土结构的抗折强度抵抗不了冻胀力时产生断裂、施工缝错位，受破坏结构变位下滑，渠坡塌陷。最大冻胀量一般产生在距渠底垂直高度 1~1.5m 渠坡范围内。

（5）坡底固脚及接近坡底处混凝土板衬砌破坏。主要原因是渠道在进入冬季排空不彻底，静冰压力及冰凌作用推动固脚移位、砌体变形，另一因素是反滤体失效，渠坡土质流失、衬砌塌陷。

（6）挖方及挖填结合渠道处于河滩地段，以及渠堤外侧地势低洼易存地表水段产生流塑变形，整体脱坡。主要是淤泥质土抗剪强度极低，水分逸出难，加之入冬后冻结面更加阻滞了水分逸出，在渗透压力作用下导致坡体整体滑动。

（7）挖方及挖填结合渠道冬季地下水补给充分渠段在坡顶距坡肩 0.5 ~ 1.0m 位置在春季出现纵向裂隙，如不及时处理雨水进入坡体内导致坡体沉陷，衬砌塌陷。主要原因是强冻胀性土的冻结作用使水分向冻结锋迁移形成冰核，同时降低冰核周围土的抗剪强度和保水能力，冰核融化后产生裂隙。

2.2 防治措施

实践证明，采用单一材料和单一结构是很难达到理想的衬砌效果的。近年来国内外都趋向复合结构衬砌型式发展，利用土工膜料或塑性水泥做防渗层，用混凝土等刚性材料做保温层。跨流域调水工程渠道规模大，工程标准要求高，在季节冻土区道衬砌应满足以下几点：

（1）可靠性：结构耐久、使用寿命长，坡面抗冻融剥蚀，坡体稳定，防渗效果好。

（2）适应性：结构要有一定的柔韧性、透水性、整体性，适应坡体不均匀沉降及局部沉陷，坡体中水压力不累积，利于坡体排水固结，减少衬砌体扬压力，衬砌结构能够保持坡体稳定。

（3）经济性：工程造价低、施工方法简单、施工质量好控制，后期维护方便、维修费用低。

（4）环境亲和性：采用的结构能够促使生态的重建与恢复，有良好的生态效应。

综合上述要求，宜本着"综合防治、复合结构、适应为主、削减为辅"的原则构建完整的渠道衬砌防护体系，主要采取以下优化措施：

（1）在Ⅲ级以上季节冻土区，把距离渠底垂直距离1.5m范围内的渠基确定为主冻胀区，该区衬砌结构采取适应变型的柔性结构（混凝土铰接块、加筋麦克垫、格宾网垫等）。上部渠基确定为副冻胀区，采用预制混凝土板结合保温板或砂砾石垫层等常规抗冻结构，既可提高结构稳定的可靠度又可减小全断面糙率。

（2）固脚采用柔性的格宾网箱，即可保证固脚的整体性、有利渠坡稳定，又可缓解渠道护底冻胀程度，防止护底冻胀隆起。

（3）Ⅲ级以上季节性冻土区混凝土衬砌强度等级要不低于C25，抗冻等级要不低于F200，防止冻融剥蚀。

（4）可在衬砌结构以上渠坡部位及坡顶采用三维植被网植草，防止水土流失产生坡顶冲沟引发衬砌结构破坏。

3 结论及建议

3.1 结论

（1）季节冻土区渠道断面设计时，在糙率选取上需要进一步探讨，短暂工况下混凝土板衬砌糙率会在0.018以下，持久工况下在衬砌变位，挂淤等因素影响下糙率一定会加大。

（2）尽管土质渠道内坡容许坡度值在1/1.25~1/2.25（黏土—砂土），但季节冻土区土质边坡在冻融，水流冲蚀，坡顶雨水冲蚀的交互作用下不存在稳定土质边坡。鉴于此，如果没有条件进行渠坡衬砌，也宜采取卵石、碎石覆盖坡面的护坡措施，坡比可缓至1/2.5，厚度不低于15cm，有条件可在面层下铺设无纺布，碎石的胶合力及良好的透水性适应土坡的变形，表面挂淤后护坡效果更好，既可控制渠道冲淤变形，又有工程费用低、后期维护方便等优点。

（3）季节冻土区，尤其是深季节冻土区将渠基划分为主冻胀区和副冻胀区，采取不同的抗胀措施既有利于衬砌结构的稳定，又能适当减糙提高渠道输水能力。

3.2 建议

（1）加强行业及跨行业合作，创新新型护坡技术和新型土工合成材料，如果能够研究开发出强度更大、更耐久的土工膜，参照模袋混凝土技术，就可以利用砂甚至土做填充料进行渠道衬砌，将极大降低衬砌工程造价，真正做到工省效宏。

（2）建设示范试验工程，加强技术交流，加强高校及科研单位与工程管理单位的合作，开展实验研究。

（3）开展国际合作，引进消化先进技术。例如美国将土工合成材料黏土垫（简称 GCL）应用于衬砌防渗工程中。此外还有 W-OH 新型渠道高效防渗抗冻技术、固化剂技术等都需要进一步研究消化。

参考文献

[1] 湖北省水利水电勘测设计院. 边坡工程地质 [M]. 北京：水利电力出版社，1983.

[2] 张滨. 深季节冻土区土质边坡生态防护应用技术[R]. 哈尔滨：黑龙江省水利科学研究院，2012.

[3] 王丹，刘晓娟，李俊峰. 抗冻胀渠道防渗的结构型式研究进展[J]. 水资源与水工程学报，2009.

南水北调西线一期工程方案比选模型建设研究

程冀[1]　魏洪涛[1]　张祎[2]　靖娟[1]

（1.黄河勘测规划设计有限公司；2.河南省水利电力对外公司）

摘　要： 本文结合南水北调西线一期工程调水方案研究背景，全面介绍了工程方案比选数学模型的建设思路及关键技术，对模型建设所涉及技术原理及相关边界条件的选定做了详细描述。

关键词： 南水北调；西线一期工程；方案比选；数学模型

1　研究背景

南水北调西线工程是我国"四横三纵"水资源配置网络的重要组成部分，对黄河流域特别是上中游六省（自治区）经济社会可持续发展，具有十分重要的战略意义。西线工程规模大，技术、经济、社会、环境问题复杂，科学合理确定西线一期工程的调水规模是西线一期调水工程研究的重要内容之一。

南水北调西线工程的调水方案不同于一般意义的跨流域调水方案，它是由多个水源点及其相互连接的输水隧洞所组成的。任何一个水源点的变化，都有可能引起调水线路的改变，而调水线路的改变与否，还要受到地形条件、地质条件和施工条件等诸多因素的制约。这种多水源点、多条输水线路的排列组合，将会比一般意义上的跨流域调水方案带来更多的前期工作量。为提高方案的生成能力、方案的分析计算能力和结果的分析能力，提高方案比选工作效率，保证调水规模决策依据科学合理，需要对南水北调西线一期工程方案比选模型的建设进行充分研究。

2　设计思路

南水北调西线一期工程方案比选模型总体设计思路如图1所示。

按照调节方式，径流调节计算模型包括三个子模型：多年调节计算模型、年调节计算模型和无调节计算模型。

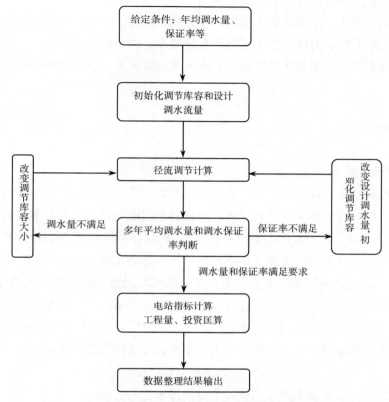

图1 南水北调西线一期工程方案比选模型总体设计思路

2.1 多年调节计算模型

水库多年调节方式下，水库可以进行年际调节，蓄丰补枯，使得调水过程相对比较均匀，水库规模较大，而输水隧洞规模相对较小。水库调节计算原则为：优先保证下泄生态基流，当入库水量充足时按照输水隧洞的设计输水能力调水，多余水量存蓄于水库，进行跨年度水量调节，水库蓄满时弃水；当入库水量和库存水量不足时则减少调水量；由于各水库坝址下游经济社会用水量很少，且坝址下游区间汇流很快，能够充分满足其用水要求，水库不考虑对坝下河段生产生活的供水。

2.2 年调节计算模型

采用年调节方式，水库仅能对径流进行年内调节，调节库容较小，为保证多年平均调水量要求，需要在丰水年尽可能多调水，枯水年少调水，年际间调水量差别较大，水库大坝规模小、投资少；但年调节方式调水流量不均匀，输水隧洞的规模由最大调水量年份确定，其它年份特别是枯水年份，调水量少，输水隧洞达到设计运用条件的几率很低，造成隧洞投资的浪费。水库调节计算的原则同多年调节。

2.3 无调节计算模型

无调节方式采用低坝抬高水位，水库规模仅需要满足泥沙淤积、引水线路布置、引水隧洞进口埋深要求即可,可以大大降低坝高。

采用无调节方式,水库无调节能力,水库规模最小,调水流量完全由来水过程决定,年内及年际调水不均,为保证多年平均调水量要求,就必须在汛期和丰水年份多调水,输水隧洞的规模主要由汛期和丰水年份的最大调水流量决定,输水隧洞能够按设计条件运用的几率更低。

3 技术原理

3.1 径流调节计算

水库蓄水量变化过程的计算,也称为径流调节计算,是把整个调节周期划分为若干个较小的时段,按时段进行水量平衡计算,本次最小时段为月,水量平衡公式如下:

$$V(i,j) = W_{上}(i,j) + V(i,j-1) + W_{入}(i,j) - W_{损}(i,j) - W_{引}(i,j) - W_{泄}(i,j) - W_{弃}(i,j) \quad (1)$$

式中:$V(i,j)$、$V(i,j-1)$ 为第 i 年 j 月月末和月初水库蓄水量,亿 m^3;$W_{上}(i,j)$ 为第 i 年 j 月上库来水流量,亿 m^3;$W_{入}(i,j)$ 为第 i 年 j 月水库天然径流量扣除上游用水,亿 m^3;$W_{损}(i,j)$ 为第 i 年 j 月水库损失水量,亿 m^3;$W_{泄}(i,j)$ 为第 i 年 j 月要求下泄水量,亿 m^3;$W_{引}(i,j)$ 为第 i 年 j 月水库引水量,亿 m^3;$W_{弃}(i,j)$ 为第 i 年 j 月水库弃水量,亿 m^3。

库容约束:水库蓄水量在死库容与正常蓄水位相应库容之间变动,即

$$V_{死} \leqslant V(i,j) \leqslant V_{正常}$$

调水量约束:水库调水量应小于等于隧洞过水能力,即

$$0 \leqslant W_{调}(ij) \leqslant W_{隧洞}$$

最小下泄流量约束:水库下泄流量应大于等于要求的下泄流量,即

$$W_{泄}(i,j) \geqslant W_{要求}$$

3.2 对生态基流的处理

生态环境需水,是指在一定的生态目标下,维持特定时空范围内生态系统与自然环境正常功能或者恢复到某个稳定状态所需求的水量。南水北调西线第一期工程方案比选模型对生态基流处理的过程如图 2 所示。

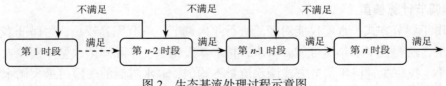

图 2　生态基流处理过程示意图

3.3 保证率计算

保证率包括每个水库的调水保证率和调水入黄河的保证率,调水入黄河的保证率是每个水库调水保证率的综合,水库保证率是影响水库和隧洞规模的重要因素之一,均采用月

保证率，计算公式如下：

$$p = 1 - \frac{n_{破坏}}{N}\qquad(2)$$

式中：P 为水库调水保证率；$n_{破坏}$ 为实际调水流量小于设计调水流量的月份数；N 为总的调水月份数。

3.4　动能计算

动能计算公式如下：

$$N = KQH = KQ(Z_{上} - Z_{下})\qquad(3)$$

式中：N 为出力，kW；K 为出力系数，模型中采用 8.2；Q 为发电流量，m³/s；H 为发电水头，m；$Z_{上}$、$Z_{下}$ 为上下游水位，m。

3.5　线性插值

假设已知坐标(x_0, y_0)与(x_1, y_1)，要得到$[x_0, x_1]$区间内某一位置 x 在直线上的值。计算公式如下：

$$y = y_0 + \frac{x - x_0}{x_1 - x_0}(y_1 - y_0)\qquad(4)$$

3.6　二分法

一般地，对于函数 $f(x)$，如果存在实数 c，当 $x=c$ 时，若 $f(c)=0$，那么把 $x=c$ 叫做函数 $f(x)$ 的零点。解方程即要求 $f(x)$ 的所有零点。假定 $f(x)$ 在区间(x, y)上连续，先找到 a、b 属于区间(x, y)，使 $f(a)$和$f(b)$异号，说明在区间(a, b) 内一定有零点，然后求 $f[(a+b)/2]$，现在假设 $f(a)<0$、$f(b)>0$、$a<b$。

通过每次把 $f(x)$的零点所在小区间收缩一半的方法，使区间的两个端点逐步迫近函数的零点，以求得零点的近似值，这种方法叫做二分法。从以上可以看出，每次运算后，区间长度减少一半，是线形收敛。

3.7　隧洞洞径计算公式

在已知引水流量和隧洞比降的情况下计算隧洞洞径公式为

$$d = [nQ/(0.2904i^{0.5})]^{(3/8)}\qquad(5)$$

式中：d 为隧洞洞径，m；n 为糙率；Q 为引水流量，m³/s；i 为比降。

3.8　调节方式

南水北调西线一期调水工程水源水库采用的调节方式主要有 3 种：无调节、年调节和多年调节。

无调节下，水库仅仅是为了雍高水位，无调节库容，对天然来水过程没有改变的能力。

年调节下，利用水库将洪水期内的一部分（或全部）多余水量蓄存起来，到枯水期放出以提高供水量。这种对年内丰、枯季的径流进行重新分配的调节就叫作年调节，它的调节周期为一年。

多年调节下，水库在丰水年份蓄存多余水量，不仅用于补充年内供水，而且还可用以补充相邻枯水年份的水量不足，这种能进行年与年之间的水量重新分配的调节，叫做多年调节。

4 边界条件

4.1 入库径流

坝址天然来水量扣除上游生产生活用水后即为入库径流。

（1）坝址天然来水量。在分析计算各坝址设计年径流量时，均采用了相应下游侧具有较长实测水文资料的测站作为参证站，水库调节计算采用水文分析计算结果 1960 年 6 月至 2005 年 5 月的 45 年月径流系列，各坝址多年平均径流量见表 1。

表 1 各坝址多年平均径流量计算成果

河流名称	坝址	集水面积/km²	年径流量/亿 m³	不同频率年径流量/亿 m³				
				10%	25%	50%	75%	90%
雅砻江干流	热巴	26535	60.99	75.42	70.36	61.08	52.95	45.55
达曲	阿安	3487	10.12	12.89	11.93	10.08	8.31	6.94
泥曲	仁达	4650	11.61	15.26	14.16	11.55	9.48	7.90
色曲	洛若	1470	4.15	5.44	4.80	4.09	3.41	3.03
杜柯河	珠安达	4618	14.55	18.95	17.26	14.18	12.00	10.53
玛柯河	霍那	4035	11.14	14.81	13.02	11.11	9.04	7.94
阿柯河	克柯 2	1534	6.09	8.04	7.12	6.05	4.91	4.58

（2）坝址以上生产生活用水。河道外需水预测根据国家的有关政策、规范，各州（市）的水利发展规划、国民经济和社会发展"十一五"规划纲要等，规划水平年为 2030 年。预测方法参考长江流域水资源综合规划成果，需水预测包括生活、生产和生态环境三部分，生产、生活需水量以定额法为基本方法，并以人均综合用水量法、弹性系数法和其他方法在预测中进行复核，河道外生态环境需水采用定额法计算。

（3）坝址入库径流。根据分析的坝址天然径流量及坝址以上生产生活需水量，各坝址入库径流量见表 2。

表 2 各引水坝址不同频率入库径流量 单位：亿 m³

调水河流及坝址		来水频率					
		10%	25%	50%	75%	90%	多年平均
雅砻江干流	热巴	74.95	69.94	56.88	53.06	44.72	59.92
达曲	阿安	12.60	11.96	9.67	7.77	6.72	9.86

续表

调水河流及坝址	来水频率	10%	25%	50%	75%	90%	多年平均
泥曲	仁达	14.96	13.90	11.29	8.78	7.66	11.32
色曲	洛若	5.40	4.80	3.97	3.28	2.96	4.07
杜柯河	珠安达	18.49	17.40	13.75	11.53	10.68	14.31
玛柯河	霍那	14.90	13.25	11.03	9.06	8.07	10.97
阿柯河	克柯2	7.52	7.03	6.12	4.92	4.46	6.01
各坝址合计后排频		151.22	137.63	111.91	99.31	90.37	116.46

4.2 河道生态流量

西线调水河流生态环境水量分为两部分：一是河段基本生态环境需水，即按照目前国内外常用的分析方法，分析一般规律条件下调水河段生态环境需要的水量；二是重点保护对象的需水，即以鱼类为代表，分析鱼类生长中特殊时期——繁殖期需要的水量过程。取两者外包线作为西线调水河段的生态环境需水。分析结果见表3。

表3 西线一期工程各引水坝址生态基流 单位：亿 m³

河流	坝址	年均生态基流	年内各时段生态基流	
			3—6月	7月—次年2月
雅砻江干流	热巴	40.0	50	35
达曲	阿安	6.0	8	5
泥曲	仁达	6.0	8	5
色曲	洛若	2.7	4	2
杜柯河	珠安达	6.0	8	5
玛柯河	霍那	6.0	8	5
阿柯河	克柯2	2.7	4	2

4.3 蒸发渗漏损失计算

水库建成蓄水后，改变了河流的自然状态，从而引起额外的水量损失。水库水量损失主要为蒸发损失和渗漏损失，在寒冷地区尚可能有结冰损失。库区形成水库后，水位抬高，改变了库区周围地下水流态，因而产生渗漏损失，并且其损失量随库区泥沙淤积、水库运用状态而变化。西线一期工程坝体较高、水库蓄水位高，库区水文地质条件复杂。因此，在坝址水量分析和水库径流调节计算中要考虑水库的蒸发、渗漏损失。

4.3.1 蒸发损失

水库蓄水后形成广阔水面，使原来的陆面蒸发（包括植物蒸发）变为水面蒸发。由于水库坝址径流资料是根据建库前邻近水文站观测资料相关分析得出，其中已计入陆面蒸发

部分，因此建水库后额外的水量蒸发损失应是水面蒸发量与陆面蒸发量的差值，即

$$\Delta w = 1000(h_{水面} - h_{陆面})(F_库 - f) \qquad （6）$$

式中：$h_{水面}$、$h_{陆面}$ 分别为库区水面、陆面蒸发深度，mm；$F_库$、f 分别为水库水面面积和水库建库前天然河道水面面积，km^2。

西线一期工程各引水坝址库区均无实测水面蒸发资料，水面蒸发采用附近气象站实测资料推算，陆面蒸发采用《中国水资源评价》、《四川省水文手册》等资料分析确定，成果见表 4。以水库年平均水面面积及年蒸发增加深度来计算年蒸发损失量。

表 4　　　　　　　　　　　各引水坝址蒸发增损量

引水河流	引水坝址	库区水面蒸发		库区陆地蒸发量/mm	库区增损量/mm
		采用站	蒸发量/mm		
雅砻江	热巴	炉霍	954.3	300	654.3
	阿安	炉霍	954.3	300	654.3
	仁达	炉霍	954.3	300	654.3
大渡河	洛若	壤塘	771.6	350	421.6
	珠安达	壤塘	771.6	350	421.6
	霍那	班玛	825	350	475.0
	克柯 2	班玛	825	350	475.0

4.3.2　渗漏损失

水库渗漏损失主要取决于库区的地质及水文地质条件。一般情况下，对于地质优良（库床无透水层）的水库，渗漏计算的经验参数为 0~0.5m，本次选择每年渗漏水层深为 0.35m。根据水库年平均蓄水水面面积计算渗漏损失量。

4.4　水量分配原则

水库调节运用方式有 3 种：年调节、多年调节和无调节。不管是在哪种调节方式下，引水枢纽首先满足坝址生态基流要求，然后按照隧洞的过流能力引水，多余水量蓄在水库中，以备枯水期调水，当水库蓄水至正常蓄水位时，仍有多余水量则作为弃水下泄。生态电站利用下泄的生态基流和弃水发电，隧洞电站利用引水流量发电，水库不承担发电用水的调节。

4.5　死水位选择

死水位的确定主要由坝前淤积高程、工程规划引水洞进水口高程、上下坝址衔接及进水口水下埋深要求等因素确定。各坝址死水位选择结果见表 5。

表 5　　　　　　　　　　　死水位选择成果表

水库	死水位/m	死库容/亿 m^3
热巴	3660.00	14.56
阿安	3640.00	0.15

续表

水库	死水位/m	死库容/亿 m³
仁达	3635.00	0.33
洛若	3758.00	0.05
珠安达	3575.00	0.54
霍那	3570.00	0.21
克柯 2	3510.00	0.10

5 模型管理系统

南水北调西线一期工程方案比选模型建设研究同时建立了以 GIS 为基础的数学模型管理系统，标准化了模型输入、输出数据接口及相关参数，同时改进了现有的数据管理手段，设计开发了相应的数据库对基础资料等数据内容进行统一管理维护。同时根据模型需求，开发了基础数据管理模块、方案管理模块、结果分析管理模块等内容，使方案比选决策者可以根据需要直观的选择坝址的位置，设置、查看有关参数；能够快速地对基础数据查看、管理和维护；能够直观快速地生成调水方案，对生成的调水方案规模进行分析计算，并可以对计算结果进行分析和管理。大大提高工作效率，进一步提高了西线工程调水规模决策的科学性。

南水北调西线一期工程方案比选模型管理系统界面如图 3 所示。

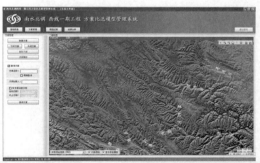

图 3   系统界面

6 结语

目前模型已经应用于南水北调西线第一期工程项目建议书的可调水量和工程规模论证中，应用该模型分析了南水北调西线第一期工程 23 个比选坝址的可调水量，进行了不同调水量、不同坝址组合、不同调水保证率、不同引水时间段、不同下泄流量等众多方案的规模比选。大大提高了方案的生成能力和分析计算能力，提高了工作效率，保障了西线调水方案决策的科学性，也为南水北调西线工程下阶段工作打下了良好的基础。

参考文献

[1] 彭国伦.Fortran95 程序设计[M].北京：中国电力出版社，2002.

[2] 程冀.南水北调西线一期工程方案比选模型管理系统设计与开发[J].河南水利与南水北调，2013.

强膨胀土（岩）渠坡的加固技术方案分析*

冷星火[1]　王磊[1]　黄炜[1]　刘祖强[1,2]

（1.长江勘测规划设计研究有限责任公司；2.长江岩土总公司）

摘　要： 南水北调中线工程陶岔至沙河南段穿越膨胀土（岩）渠段长约181.906km，其中强膨胀土（岩）为13.953km。强膨胀土（岩）裂隙极其发育，渠段开挖后，由于土体含水量变化等原因，产生胀缩变形，极易发生深层滑坡。本文结合强膨胀土（岩）试验渠段的地质特性、监测数据以及所发生的滑坡形状，对强膨胀土（岩）渠段所采用的加固措施进行验证分析，为其它强膨胀土（岩）渠坡的加固设计提供参考。

关键词： 南水北调 ；强膨胀土（岩）； 渠坡加固； 验证分析

1　引言

南水北调中线工程陶岔至沙河南渠段分布有膨胀土（岩）的渠段累计长约181.906km，约占渠段总长的76.10%。其中分布有强膨胀土（岩）的渠段有19段，累计长13.593km（部分渠段既分布有膨胀土，又分布有膨胀岩）。

膨胀土的特殊性主要反映在土体的胀缩性、裂隙性和超固结特性上。胀缩性是膨胀土特殊工程性质之根源，是导致土体强度衰减、渠道变形、边坡失稳的直接原因；裂隙性既是胀缩性的后果，又是加剧胀缩作用的催化剂，它导致土体强度具有结构性，并控制浅层滑坡的边界条件；超固结性是导致渠道开挖期间坡体膨胀土发生卸荷松弛的主要原因，它使得开挖边坡更易受到外部环境的改造，并使一些结构面能在较短的时间内贯通而产生深层滑动。同时，超固结性又是渠基膨胀土在含水量缓慢上升至稳定含水量过程中膨胀变形的重要原因。而强膨胀土与中、弱膨胀土相比，具有膨胀性更强、裂隙更发育（长大裂隙多、多存在裂隙密集带）的特点，对强膨胀土（岩）渠坡采用何种加固技术方案更合理可行，目前国内外没有定论。本文结合十二五课题"强膨胀土（岩）渠道处理技术"试验段的地质特性、监测数据以及所发生的滑坡情况，对强膨胀土（岩）地段渠道的加固方案进行验证分析，为其它强膨胀土（岩）渠坡的加固设计提供参考。

---

*基金项目：国家"十二五"科技支撑课题"强膨胀土（岩）渠道处理技术"（2011BAB10B02）。

2 试验段基本情况

2.1 地质条件

试验段渠坡由第四系中更新统（al-plQ₂）粉质黏土及上第三系（N）黏土岩组成。al-plQ₂ 粉质黏土具中等膨胀性，大裂隙发育，长大裂隙较发育，裂隙面多较平直光滑，面附灰绿色黏土薄膜，具蜡状光泽；N 黏土岩具强膨胀性，大裂隙及长大裂隙极发育，纵横交错，裂隙面平直光滑，充填灰绿色黏土，具蜡状光泽，成岩较差，结构密实，遇水易快速软化，性状似土，呈硬塑状，可见少量黑色铁锰质侵染物，局部为砂质黏土岩。

土岩分界线高程为 132.787～133.947m，向下游方向逐渐变高。

渠坡土体物理力学指标：裂隙面抗剪强度 c=10kPa，φ=10°，Q/N 界面：c=15kPa，φ=16°。Q_2 粉质黏土 0～3m 残余剪强度 c=18kPa，φ=18°；3～7m 饱和固结抗剪强度 c=25kPa，φ=16°；7m 以下天然快剪强度 c=30kPa，φ=18°。N 黏土岩 7m 以下天然快剪强度 c=30kPa，φ=16°。

2.2 加固技术方案

试验段挖深 14m 左右，设置两级边坡，一级马道宽度为 5m。过水断面和一级马道以上渠坡坡比均为 1:2，渠道底宽为 21m，过水断面渠坡及渠底水泥改性土换填厚度为 2m，一级马道以上渠坡水泥改性土换填厚度为 1.5m。渠底板为 8cm 厚混凝土衬砌，渠坡为 10cm 厚混凝土衬砌，衬砌板下面铺设 576g/m² 复合土工膜防渗。

采用刚体极限平衡法中的 Morgenstern-Price 法进行分析计算。计算时将一系列不同位置的缓倾角裂隙面和中倾角裂隙面预设成网格模型，对网格模型中所有的缓倾角裂隙面和陡倾角裂隙面构成的滑动面采用折线滑动法进行稳定分析，经过计算，最危险滑动面底部在施工期开挖后的渠底附近，并且安全系数低于规范要求，需采取加固措施，采取的加固措施为抗滑桩+坡面梁框架式支撑形式，承受的渠坡最大下滑力为 800kN/m；抗滑桩直径为 1.2m，间距为 4m，桩长为 15m，渠底衬砌板以下埋深 6.5m；坡面支撑横梁高 0.5m，宽 0.6m。采取加固措施后渠坡稳定安全系数为 1.204，满足规范要求。

3 滑坡反演验证分析

试验段中部分渠段在 2013 年发生深层滑坡，滑坡分两次发生，第一次滑坡沿土岩分界软弱面发生，发生第一次滑坡后，由于各种因素影响，边坡没有及时得到处理，水泥改性土未回填，裸坡时间过长，使得坡脚和一定深度范围内膨胀土（岩）反复干湿循环，发生卸荷松弛和裂隙张开，土体力学强度降低，在坡顶降雨入渗、雨后渠底积水、坡顶施工便道重型车辆动荷载等因素作用下，渠坡沿长大结构面、软弱面和裂隙面产生组合滑动，发生第二次滑坡。

3.1 裂隙面参数取值分析

根据滑坡体的形状、渠坡裂隙的分布情况、土岩结合面的位置，对滑坡体进行反演分析，当渠坡稳定安全系数为 0.95 时，求得裂隙面的抗剪强度参数为 $c=10kPa$，$\varphi=9.8°$，因此前面进行强膨胀土渠坡加固计算时，采用的裂隙面抗剪参数是合适。

3.2 加固技术体系中桩长复核

试验段渠坡采用抗滑桩+坡面梁支护体系进行加固，支护体系施工完成后将形成框架式支护体系，抗滑桩在坡面梁和渠底横梁的支撑作用下将大大提高抗倾覆能力，另外坡面和渠底在坡面梁和渠底横梁的反压作用下，将大大提高渠坡的整体稳定性。根据结构计算滑带位于渠底时，该支护体系抗滑桩受力最大。在抗滑桩长度 15m、抗滑桩布置于渠底板以上 8.5m 渠坡处，桩径 1.2m，间距 4m，滑坡推力为 800kN/m，滑带分别位于渠底板、渠底板下 1m、渠底板下 2m 时抗滑桩最大弯矩分别为 2876kN·m、2245kN·m、1287kN·m。

从支护体系结构形式看，在滑坡推力不变的情况下，在一定范围内滑带越深，受坡面梁和渠底横梁形成的被动土压力的影响，桩体的受力越小，支护结构越有利，因此，对于该支护结构滑带位于渠底板时为最不利工况。试验段抗滑桩渠底板底下的锚固段长度为 6.5m，占总桩长的 43%，完全满足相关规范以及现场强膨胀土渠坡加固的受力要求。同时，对加固计算时所采用的最危险滑动面和试验段实际发生的深层滑坡滑动面进行对比可知，最危险的滑坡底部均在开挖后的渠底附近，两者基本吻合，而加固计算时滑坡体的后缘离渠坡开口线则比实际发生的滑坡体要远，偏于安全。

4 已加固渠坡监测数据分析

试验段加固方案中的抗滑桩里布置有测斜管，采用活动式测斜仪进行观测，桩体监测数据截至 2014 年 4 月 27 日，最大位移为 2.05mm。

根据计算，加固方案中的抗滑桩+坡面梁能承受的最大渠坡下滑力为 800kN/m，如在最大下滑力作用下，桩体位移最大值为 14.4mm，下滑力为 350kN/m 时，桩体位移最大值为 2.38mm。

经过对监测数据和不同下滑力作用下的桩体位移进行对比分析可知，抗滑桩在坡面梁的支撑作用下，其桩体最大位移位置不是在桩体顶部，而是在渠底以上桩体受荷段的中下部，说明坡面梁对桩体的支撑大大提高了抗滑桩的抗倾覆能力；同时依据监测数据可知，目前试验段渠坡土体作用在抗滑桩+坡面梁上的下滑力小于 350kN/m，说明试验段的加固技术方案完全满足渠坡稳定要求。

5 结语

（1）经过对试验段的强膨胀土渠坡加固技术方案进行验证分析可知，采用抗滑桩+坡面梁方案对强膨胀土（岩）深挖方段的渠坡进行加固合理可行。

（2）通过对现场滑坡的反演分析可知，强膨胀土（岩）加固技术方案中的裂隙面抗剪强度取值基本合理。

（3）根据现场滑坡体以及计算成果，最危险滑动面的底部在渠底附近，进行加固设计时，渠底以下抗滑桩的桩长（即锚固段）满足规范要求即可。

（4）现场的监测数据进一步验证了加固技术方案中的坡面梁和渠底横梁对抗滑桩的支撑作用下大大提高了抗滑桩抗倾覆能力；同时坡面和渠底在坡面梁和渠底横梁的反压作用下，强膨胀土（岩）的膨胀力受到了约束，从而进一步提高了渠坡的稳定安全性。同时监测数据和计算成果的基本吻合，也进一步验证了进行加固设计时所采用的计算方法及模型合理可行。

（5）由于实际发生的深层滑坡体底部和计算所采用的最危险滑动面后缘有一定差别，因此对如何准确找出最危险的滑动面，需进一步结合试验段现场的实际施工情况、工程环境等因素进行研究。

北京市南水北调配套工程南干渠段运行风险分析与预防措施

曹海深　王金鹏　田坤　刘磊

（北京市南水北调南干渠管理处）

摘　要： 南干渠工程是关系到北京市"26213"供水格局中 "一个环路"供水安全的生命线工程，对于复杂的供水工程，风险存在于工程的设计、施工及运行管理等各个方面。本文通过工程的风险识别和影响分析，有针对性地提出了运行管理过程中工程措施和非工程措施，为全力确保南干渠配套工程汛后顺利通水和日常安全运行管理提供有益参考。

关键词： 南干渠工程；运行管理；风险；管理措施

1　工程概况

南水北调中线一期工程由长江支流汉江上的丹江口水库引水至北京团城湖，全长 1276 km，该工程是我国水资源优化配置，支撑京津和华北地区发展，改善区域生态环境，惠及子孙后代的重大基础性战略工程，是彻底解决北京市缺水的根本性措施[1]。

北京市南水北调配套工程是连接南水北调中线和北京水网的纽带，配套工程建成后，北京将形成以两大动脉、六大水厂、两个枢纽、一条环路和三大应急水源地构成的"26213"供水格局，进一步完善北京城市供水系统，实现本地水、外调水、地下水联合调度[2]。南干渠工程作为配套工程中的主要工程之一，主要承担向北京城市东部、南部地区的供水任务，是直接联系南水北调总干渠到规划郭公庄、黄村等水厂的输水管线。南干渠工程位于丰台区、大兴区，起点为中线干线北京段永定河倒虹吸的末端，沿现状大兴灌渠向南，至京良路南侧转向东，沿五环路南侧到达终点亦庄调节池，全长 26.82 km[3]。

2　风险识别

风险识别的对象明确为北京市配套工程南干渠暗涵管线工程。风险识别的主要目的是识别潜在风险源和风险事件类型。因此，本阶段的主要内容是进行针对北京市南水北调配套工程南干渠工程输水管线系统的两项调查及分析，其一是潜在风险源的调查与分析；其二是风险事件类型的调查与分析。

作为南水北调中线工程北京段的主要分水渠道、北京市东南部地区供水的新水源工程，南干渠工程的安全运行至关重要。但是，工程沿线复杂的用地现状，大量建/构筑物的存在以及沿线企业、居民的生产经营活动都可能对工程运行产生不同程度的影响，对工程本身存在一定的安全隐患。

2.1 风险记录

根据调查，在北京市南水北调配套工程正式通水前，南干渠工程多处阀井已经被圈占，接近总阀井数的1/3，如12处排气阀井分别被开发公司、农场、商城和村民圈占，通向1处排空井的道路被切断，1处分水口被某驾校圈占。圈占用地的用途有废品收购点、厂房等，存在一定安全隐患；保护范围内存在挖沟、取土、堆放物料、植树、修渠、建房及修建其他建筑物的现象；管道上部存在顺管道行驶载重车辆现象等。这些都意味着南干渠工程保护面临一系列的严峻问题。

2.2 风险分析

保护范围内存在管理风险分为已经发生的和潜在发生的风险，具体表现在以下几个方面：

（1）沿线企业、居民的生产经营活动对工程安全运行构成威胁。南干渠工程属于地下暗涵工程，地表未做征地拆迁。目前，输水隧洞上方的占地多为物流仓储、厂房、村镇居民房和砂石场等，部分为临时用地，相关土地权利人可以依法自主使用土地，在隧洞上方施工时存在挖、压、占地现象，也有新开工和正在建设的厂房和居民房等，这些企业、居民的生产经营活动不同程度上影响着工程安全运行。

（2）城乡建设步伐加快，加剧工程自身安全隐患的发生。随着北京城南建设发展加快，尤其是大兴新城、亦庄新城和通州新城的建设，势必会产生大量公路、铁路、雨污水管网及电力管线等输水隧洞交叉或平行的问题，这些市政基础设施的施工维修养护难免给工程带来一些安全隐患。

（3）沿线用地性质复杂，涉及多部门、多区域，给工程管理带来一定困难。工程沿线土地涉及市政、水利、城建、农业、交通运输等多部门，跨域丰台区和大兴区两个行政区，南干渠工程在日常巡线、管理维护过程中势必跨区域，并涉及多部门。因此，多部门、多区域的合作、协调及联动尤为重要。

（4）工程巡查、维护等管理和执法缺乏依据。现有的《北京市南水北调工程保护办法》仅划定了干线和惠南庄—团城湖段的保护范围，却没有明确划定配套工程南干渠工程的保护范围。当有危害输水隧洞及建筑物的行为发生时，现有的法规、规程不能有效保护工程的安全。因此，加快工程保护性规划、划定保护区范围、明确工程管理内容、保护工程建设及巡线检查等工作势在必行。

（5）工程管线周围部分地区土壤为垃圾填埋物，实施穿跨越工程方案不当会造成结构失稳。南干渠工程管线上、下方为垃圾填埋物，当实施穿跨越工程时，很容易发生塌方，将造成结构失稳，将直接威胁南干渠工程整体结构安全，对南干渠工程安全运行将造成重大影响。

（6）管涵出现裂缝、渗漏水。南干渠工程为钢筋混凝土圆涵自流输水，而裂缝是混凝土建筑物的固有特性。裂缝的产生将加速混凝土的老化，引起混凝土中钢筋锈蚀。虽然一般裂缝对工程安全运行不会产生严重影响，但当裂缝发展成为危害性裂缝后，将大大降低混凝土结构的承载能力，影响结构耐久性。同时，混凝土接缝止水密封胶有破损、管道内壁有裂缝，都会影响到南干渠工程安全运行。

（7）管涵爆管、破裂。造成给水管道爆裂的原因很多，主要包括管道材质、管道基础、管道接口方式、管道腐蚀结垢、管道施工质量、排气阀及阀门设置、水锤和气囊现象、地质条件、地表荷载、气候条件、管网水质压力、管网维护、外力破坏、水温等因素。因此，加强检查和巡查，及时发现内在安全隐患，对保障工程安全运行尤为重要。

3 事故影响分析

3.1 一次风险事件影响分析

一次风险事件是直接作用于管道系统的，主要包括管道爆裂、管线破损和管线阀门损坏。

（1）管线阀门损坏。输水管线沿线设有排气阀、蝶阀和止回阀。其中，排气阀能将水中溶解的空气排出，从而有效防止负压的产生，如果损坏会增大水锤的产生几率；蝶阀作为重要的开启与关闭阀，主要起切断和节流的作用，一旦损坏，会严重影响管线的维护、检修；止回阀防止介质倒流，是一种依靠介质压力开启和关闭的自动阀门。

（2）管线破损。管线破损是可能影响工程正常运行的重大安全隐患。不仅会大大降低管线的使用寿命，严重时还会导致漏水，降低供水效率。

（3）管道爆管。管道爆管是对工程自身而言最严重的风险事故。一旦发生爆管，会导致供水中断，造成一定范围的淹没，甚至导致人员伤亡。

3.2 二次风险事件影响分析

二次风险事件主要是指管道爆管导致的供水中断和周边区域淹没、管线破损和管线阀门损坏导致的供水量减少。

南干渠工程承担为北京市东南部地区的郭公庄水厂、黄村水厂、亦庄水厂、第十水厂和通州水厂提供源水的任务。一旦供水中断，会造成市区东、南部大范围停水，严重影响首都居民的正常生活。同时，爆管引起的周边区域淹没，也会造成一定的人员伤亡并带来严重的直接和间接的经济损失。

3.3 三次风险事件影响分析

三次风险事件主要指一些不良影响，包括社会影响、环境影响、政治影响等。由于停水是关系北京市东部和南部地区千家万户日常生活的重大事件，一旦停水时间过长，势必引起民众的不满和抱怨，不利于社会稳定。同时，管道爆管淹没周边区域，也会破坏周边的生态环境。此类事件造成的损失是无形的，不良影响涉及面广。

4　管理措施

4.1　工程措施

南干渠保护区范围内现状土地用地性质比较复杂,近期全部完成拆迁的可能性不大,因此,应该有计划地、有步骤地实施南干渠工程保护的工程措施。

(1)督促南干渠建设单位及时完成定桩定界工作。将保护区范围落在实地,为保护区内与南干渠工程安全有关的工程建设、土地开发利用等活动的管理、审批提供明确依据,同时,起到提示、警示和宣传教育的作用。

(2)设立控制桩和永久性警示标志牌。一是起警告、警示作用,二是有利于工程技术、巡线及相关管理人员有针对性、有重点的保护工程。

(3)建设监控中心与实时监控系统。有利于及时发现威胁到工程安全的活动,及时予与制止,保留证据,尽量避免人为活动为威胁南干渠工程持续、稳定、安全运行。

(4)实施已有的规划方案。推进五环路的绿化带建设,结合西五环路和南五环路绿化带、南海子公园及凤河植物园等形成一条亮丽的景观绿带。结合市政府百万亩造林计划,在保护区进行保护性的绿化植树造林和景观建设。远期将区域内保护区内村庄房屋、仓库、厂房、市场以及企业等搬迁至保护区外,排查工程安全潜在风险,为工程的日常管理和检查、维护、抢险创造有利条件。

4.2　非工程措施

围绕南干渠工程保护问题,重点从工程保护现状、法律、经验借鉴和管理4个角度进行实地调研和资料收集、分析、整理。

4.2.1　法律支撑

在认真贯彻落实《南水北调工程供用水管理条例》和《北京市南水北调工程保护办法》的各项条款的同时,南干渠工程管理处可以依据《中华人民共和国物权法》,与部分地表土地使用权人进行沟通协商,提出明确的地表土地用途限制范围及地表土地使用权人的义务和责任,签订保护协议。通过合法的方式加大惩处力度,提出违反地役权协议的行为应追究的违约责任意见。

4.2.2　工程管理

(1)明确管理部门及职责。北京市南水北调南干渠管理处是南干渠工程运行保护的主管部门,复杂统一管理和综合协调,其所属的工程科、运维科、水政科负责维护、抢险、维权等工作,管理所负责具体的巡线、日常维护等工作。

(2)加强日常巡查工作。扼杀可能发生危害暗涵的事故苗头,防患于未然。巡线工作本着"早发现、早处理、早预防"的原则,按专人划片、定期、重点检查沿线工程及附属设施安全及排查风险、隐患。

(3)建立多部门合作协调机制。联合水利、市政、发改、城建、农业、公安、环保、园林、区政府等多个部门建立南干渠工程保护范围内联合执法、合作协调机制。各个部门应按照各自职责，协同南干渠管理处实施工程的保护工作，丰台区和大兴区人民政府应加强对工程保护的监督管理，协助安全事故的调查取证及善后工作。

（4）制定工程安全应急预案。对于可能发生的突发事件，事先制定安全应急预案，成立安全事故应急处理小组，配备抢修物资和器材，建立完整有效的救援控制体系，及时抢修。

（5）借鉴"河长制"[4]，遵循谁受益、谁负责、谁保护的原则，建议受益地区的党政主要负责人负责督办、协调处理南干渠工程运行安全事件。充分发挥政府在社会管理中的职能作用，有效调动地方政府履行南水北调工程监管职责的执政能力，有利于统筹协调各部门力量，运用法律、经济、技术等手段保护工程安全运行，方便各级地方领导直接进行工程保护决策和管理，确保工程设施正常运行，发挥长效运行机制。

（6）建立健全各项规章制度。制度建设是保障南干渠工程安全运行、降低多数风险的重要措施。通过完善管理制度并加以落实，可以使工程的运行及管理工作有章可循，规范有序，减少由于组织管理方面的不足对供水工程造成的风险。

4.2.3 能力建设

（1）加强执法队伍建设。目前南干渠管理处尚未正式开始执法保护工作，尚未建议成立一支依法行政、公正执法的高素质执法队伍，或与当地民警联合执法，加强执法力度，为供水工程的安全运行提供法律保障。

（2）南干渠工程的安全运行需要管理人才、技术人才和操作人才等不同层次的人才，共同协作才能保障供水安全。建议有计划引进急需的各种人才。根据工程运行的需要，分近期、中期、远期制定具体可行的人才发展规划，积极做好各层次人才的引进工作。

（3）加强人员培训，不断提高人员素质。对于员工的培训应以提高员工专业技能和综合素养为目标。引导和促进职工养成"在工作中学习，在学习中工作"的终身学习习惯，鼓励和推动职工岗位成才、岗位奉献。

4.2.4 宣传教育

通过设立举报电话、播放电视公益广告、建立民间联防等各种手段加大宣传力度，提高公众对南干渠工程重要性的认识。不仅要广泛宣传水法律法规，树立广大群众的保护水工程的法律意识，增强广大群众保护输水管线及其附属设施的自觉性；还要大力宣传南干渠工程对北京市供水安全的重要性，使广大群众深刻认识到南干渠工程是北京市的一条生命线，供水工程损坏、停水甚至爆管的危害性，增强危机感和紧迫感，自发行动起来保护输水管线及其附属设施。

5 结论和建议

北京市南水北调南干渠工程尚未正式通水，管理过程中存在诸多未知因素，必须有系统的风险控制理论和技术支撑才能保证项目管理的正常运转，本文只是对南干渠工程运行风险控制及管理措施进行了初步研究，下一步应当将侧重于建立健全完整的风险控制措施和完备的应急响应机制体系，最终形成一套完备的风险控制管理方案。

参考文献

[1] 黄会勇，毛文耀，范杰，唐景云. 南水北调中线一期工程输水调度方案研究[J]. 人民长江，2010(16):8–13.

[2] 齐子超. 南水北调来水条件下北京市多水源联合调度研究[D]. 清华大学，2011.

[3] 黄会勇. 南水北调中线总干渠水量调度模型研究及系统开发[D].中国水利水电科学研究院，2013.

[4] 张嘉涛. 江苏"河长制"的实践与启示[J]. 中国水利，2010(12):13–15,21.

南水北调东线一期工程水量调度评价模型研究

王慧杰　程冀　李克飞　胡德祥

（黄河勘测规划设计有限公司）

摘　要： 水量调度评价模型主要为南水北调东线一期工程水量调度评价子系统提供技术支持，是水量调度评价子系统的核心计算模块。本文基于项目需求分析和详细设计成果，构建了水量调度评价模型，包括评价指标体系、指标权重系数确定、指标值计算、评价标准等，为南水北调东线一期工程水量调度系统提供支撑，可为今后重大调水工程水量调度评价提供参考。

关键词： 南水北调东线；水量调度；评价模型

南水北调东线工程是缓解我国中东部地区的水资源供需矛盾、支撑该地区国民经济与社会可持续发展的一项跨流域、长距离的特大型、综合性调水工程。东线工程从长江下游抽江引水，向黄淮海平原东部、山东半岛及淮河以南的里运河东西两侧地区供水，是我国中东部地区的补充水源，涉及水源区、受水区的社会、经济、生活、环境等各个方面[1-2]。

南水北调东线一期工程山东段水量调度评价模型主要为水量调度评价子系统提供技术支持，是水量调度评价子系统的核心计算模块。基于项目需求分析和详细设计成果，构建了水量调度评价模型，水量调度评价模型主要部署在调度中心和各级分调中心，主要是根据各级调度中心的具体要求，选定相应的评价指标、评价方法和评价标准，对水量分配方案及其执行结果进行评价，输出水量分配方案评价报告，为调度管理人员制定更安全、高效的水量分配方案提供技术支撑。

1　总体设计

水量调度评价模型主要为水量调度评价子系统提供技术支持，是水量调度评价子系统的核心计算模块。在对调度方案进行评价时，由水量调度评价系统从水量调度数据库获取相关数据，模型进行评价指标值、评价值和评价结果的计算，并输出相应结果。

水量调度评价模型计算可分为三个步骤进行：一是评价指标值计算，模型从水量调度数据库自动获取被评价方案计划数据及其执行结果，按照评价指标值计算方法，计算评价指标值。二是评价值计算，将上一步计算得到的评价指标值乘上由水量调度数据库获取的指标权重，得到各评价目标的评价值。三是评价结果判定，将计算得到的评价值与从水量调度数据库获取的评价标准进行对比，划分评价目标等级，从而得到评价结果。水量调度评价模型流程逻辑见图1。

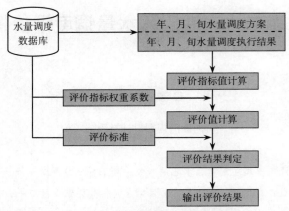

图1 水量调度评价模型流程逻辑图

2 模型建设

2.1 评价指标体系

根据东线水量调度评价需求，水量调度指标体系包含水量评价指标、工程评价指标、调度效益评价指标和应急响应能力指标四项内容，各项内容又包含相应的指标。按一般评价模型的划分方法，建立水量调度评价指标体系，评价指标体系分为目标层、准则层和决策层，具体内容和相互关系见图2。

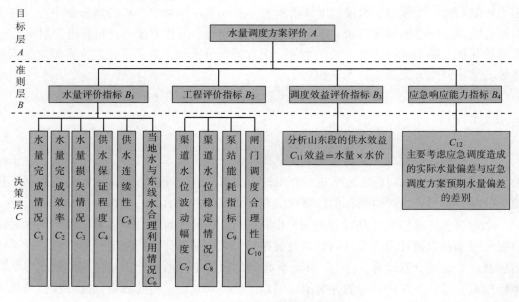

图2 水量调度评价指标体系

2.2 评价指标权重系数的确定

按照图 2 中各层之间的关系，首先在系统中确定各层对应指标的权重系数，每一层的权重系数都是表明该指标对上一级指标的重要程度。在南水北调东线一期工程水量调度评价模型中，采用了假定法和层次分析法（AHP）两种方法来确定权重系数。

2.2.1 假定法

假定法是根据已掌握的南水北调东线一期工程调度资料，按照业主关心程度，充分分析实际水量调度的需求，依据水量调度评价相关经验，从而确定的权重系数，见表 1。

表 1　　　　　　　　水量调度评价指标体系及权重系数确定（假定法）

目标层 A		准则层 B		决策层 C	
项目	权重系数	项目	权重系数	项目	权重系数
水量调度方案评价	1	水量评价指标 B_1	0.25	水量完成情况 C_1	0.17
				水量完成效率 C_2	0.16
				水量损失情况 C_3	0.16
				供水保证程度 C_4	0.17
				供水连续性 C_5	0.17
				当地水与东线水合理利用 C_6	0.17
		工程评价指标 B_2	0.25	渠道水位波动幅度 C_7	0.25
				渠道水位稳定情况 C_8	0.25
				泵站能耗指标 C_9	0.25
				闸门调度合理性指标 C_{10}	0.25
		调度效益评价指标 B_3	0.25	供水效益 C_{11}	1
		应急响应能力指标 B_4	0.25	应急情况造成的调水偏差 C_{12}	1

注　表中权重系数为模型建立的初值，在东线一期工程试通水运行期间，参数将经过不断测试最终确定。

假定法确定的权重系数仅作为模型设计的初始设置，在南水北调东线一期工程通水试运行阶段，将会进行模型参数的率定工作，届时对水量调度评价指标体系的权重系数也将进行修正，从而更加准确地反应实际需要。

2.2.2 AHP 法

事实上，权重系数的确定并非是单纯地认为各项对总目标而言同等重要。按照实际情况的不同，各指标重要程度不同，指标权重系数的确定可通过不同评价方法确定权重系数的方式来确定。比如，采用层次分析法 AHP。

（1）AHP 理论内涵。层次分析法将决策问题的有关元素分解为目标、准则、方案等层次，用一定标度对人的主观判断进行客观量化，然后在此基础上进行定性与定量分析的决策方法[3]。它是一种十分有效的系统分析和科学评价决策方法。

采用 AHP 法确定权重系数，具体步骤如下：

1）构造判断矩阵。判断矩阵的元素反映了各因素的相对重要程度，一般采用 1～9 的标度方法，见表 2。通过咨询专家意见，可以构建出各级指标的判断矩阵。

表2   AHP 判断矩阵标度准则[3-4]

标度	含义
1	表示两个因素相比，具有同样重要性
3	表示两个因素相比，一个因素比另一个因素稍微重要
5	表示两个因素相比，一个因素比另一个因素明显重要
7	表示两个因素相比，一个因素比另一个因素强烈重要
9	表示两个因素相比，一个因素比另一个因素极端重要
2、4、6、8	上述两相邻判断的中值
倒数	因素 i 与 j 比较得判断 C_{ij}，则因素 j 与因素 i 比较得判断 $C_{ji}=1/C_{ij}$

2）由判断矩阵，求出判断矩阵最大特征值对应的特征向量和进行归一化处理后的单位特征向量，所得的单位特征向量各分量即为各个指标的权重值。

但是，通过两两比较得到的判断矩阵，不一定满足矩阵的一致性条件，所以需要对判断矩阵进行一致性检验。可用一致性指标（Consistency Index）：

$$CI = (\lambda_{max} - n)/(n - 1) \tag{1}$$

用 CI 来衡量判断矩阵的不一致程度。当 $CI=0$ 时，判断矩阵具有完全一致性。

层次结构中影响因素越多，判断矩阵的阶数越高，越难以保证判断矩阵一致性。因此，为了考虑阶数 n 的影响，引入平均随机一致性指标 RI（表 3），用判断矩阵的随机一致性比率：

$$CR = CI / RI \tag{2}$$

用 CR 来确定判断矩阵是否满足矩阵的一致性条件。一般认为，若 $CR<0.1$，则认为判断矩阵具有满意的一致性；否则需要对判断矩阵进行适当修正，并重新进行一致性检验。

表3   平均随机一致性指标 RI

n	2	3	4	5	6	7	8	9	10
RI	0.00	0.58	0.9	1.12	1.24	1.32	1.41	1.45	1.49

（2）基于 AHP 的东线评价指标体系权重系数确定。根据 AHP 确定权重系数的步骤，确定的水量调度评价指标体系的权重系数，见表 4。从确定过程可知，各层权重系数的确定并不能单纯按平均或者主观赋予一定值，通过 AHP 或其他评价方法确定的权重系数才具有一定的客观性，能够合理确定各指标之间的关系。

表4   水量调度评价指标体系及权重系数确定（采用 AHP）

目标层 A		准则层 B		决策层 C	
项目	权重系数	项目	权重系数	项目	权重系数
水量调度方案评价	1	水量评价指标 B_1	0.5292	水量完成情况 C_1	0.2639
				水量完成效率 C_2	0.1405

续表

目标层 A		准则层 B		决策层 C	
项目	权重系数	项目	权重系数	项目	权重系数
水量调度方案评价	1	水量评价指标 B_1	0.5292	水量损失情况 C_3	0.1048
				供水保证程度 C_4	0.2209
				供水连续性 C_5	0.1104
				当地水与东线水合理利用 C_6	0.1594
		工程评价指标 B_2	0.2681	渠道水位波动幅度 C_7	0.2857
				渠道水位稳定情况 C_8	0.1429
				泵站能耗指标 C_9	0.2857
				闸门调度合理性指标 C_{10}	0.2857
		调度效益评价指标 B_3	0.1342	供水效益 C_{11}	1
		应急响应能力指标 B_4	0.0684	应急情况造成的调水偏差 C_{12}	1

注 表中权重系数为模型建立的初值，在东线一期工程试通水运行期间，参数将经过不断测试最终确定。

2.3 评价指标值计算

2.3.1 决策层指标值计算

决策层指标值计算是最基础的计算，且与评价模型基础数据联系最密切。计算时，需确定指标计算公式和数据来源。各项指标计算公式见表 5。

表 5 水量调度评价指标体系决策层指标计算公式

指标	计算公式	指标	计算公式
水量完成情况 C_1	实际供水量/计划供水量×100%	当地水与东线水合理利用 C_6	当地水供水量/东线水供水量
水量完成效率 C_2	实际供水历时/计划供水历时×100%	渠道水位波动情况 C_7	超标次数
水量损失情况 C_3	水量损失量/实际供水量×100%	渠道输水稳定情况 C_8	渠道实际稳定历时/渠道稳定预期历时
供水保证程度 C_4	旬供水保证率=实际供水保证天数/计划供水天数×100%	泵站能耗指标 C_9	泵站实际能耗值/泵站预期能耗值
	月供水保证率=实际供水保证旬数/计划供水旬数×100%	闸门调度合理性指标 C_{10}	闸门实际启闭频次/闸门预期启闭频次
	年供水保证率=实际供水保证月数/计划供水月数×100%	供水效益 C_{11}	实际收益/预期收益×100%
供水连续性 C_5	实际供水中断次数	应急情况造成的调水偏差 C_{12}	应急期实际供水量/计划应急供水量×100%

　　各指标值通过计算公式计算出结果后，需要进行标准化处理，以解决各指标计算值不在同一基础上造成的评价结果偏差问题。比如，水量完成情况的计算结果是百分比，供水效益的结果则是单位为元的效益值，如果直接乘以权重系数，很明显导致供水效益对准则层的贡献大，与实际情况相悖。因此，需对各指标计算结果进行分级处理，统一按照百分制、分十级进行处理，最后将所有指标值按各自的分级标准处理成得分形式。以水量完成情况和水量完成效率为例进行说明，见表6。

表6　　　　　　　　　　　　水量调度评价指标标准化处理的标准（部分）

指标	级数	计算结果情况	标准化处理后得分
水量完成情况 C_1（越大越好型）	1	95%（含95%）~100%（含100%）	100
	2	90%（含90%）~95%	95
	3	80%（含80%）~90%	85
	4	70%（含70%）~80%	80
	5	60%（含60%）~70%	70
	6	50%（含50%）~60%	60
	7	50%以下	50
水量完成效率 C_2（越小越好型）	1	50%以下	100
	2	50%（含50%）~60%	95
	3	60%（含60%）~70%	85
	4	70%（含70%）~80%	80
	5	80%（含80%）~90%	70
	6	90%（含90%）~95%	60
	7	≥95%	50

2.3.2　准则层指标值计算

　　根据指标计算值标准化处理方法，将计算出的决策层指标值进行标准化，可得到统一标准的决策层指标值，乘上决策层权重系数，则可计算准则层指标值，即

$$B(i) = \sum_{j=1}^{n} w_{c(j)}C(j) \quad （i=1\sim4，n 取决于其对应的指标数） \quad （3）$$

式中：$B(i)$ 为准则层第 i 项指标计算值；$C(j)$ 为 $B(i)$ 对应的决策层第 j 指标统一标准的计算值；$w_{c(j)}$ 为 $B(i)$ 对应的决策层第 j 指标的权重系数。

2.3.3　目标层评价值计算

　　目标层（即水量调度方案评价）评价值是通过准则层计算得到，计算公式也是将目标层对应的准则层各项指标的值乘以其权重系数得到，即

$$A = \sum_{k=1}^{4} w_{B(k)}B_{(k)} \quad （4）$$

式中：A 为目标层评价值；$B(k)$ 为 A 对应准则层第 k 指标的值；$w_B(k)$ 为 A 对应准则层第 k

指标的权重系数。

评价值确定后，参考相应评价标准，根据各评价目标评价值的等级来评判水量调度方案的优劣。

2.4 评价结果判定

评价结果判定是将评价值计算结果与预先录入的评价标准进行比较，得出整体评价结果。评价结果的形式取决于评价标准，本研究确定的评价标准是采用百分制和优良中差等形式表现，假设在评价标准中 90 ~ 100 分为优，当某一评价目标的评价值为 90 分时，输出的评价结果中可认定该项评价目标等级为优。待各项评价结果判定完成后，可输出各项评价目标的评价结果。评价标准见表 7。

表 7　水量调度评价模型的评价标准

分数	等级
95~100	优$^+$
90~95	优
80~90	优$^-$
70~80	良
60~70	中
50~60	中$^-$
50 以下	差

注　评价标准按年月旬、分段等会有所不同，且评价值结果不一定是在 100 分内，需要试算后确定。

3　模型输入输出

水量调度评价模型输入项包括评价指标确定、评价指标值计算数据、指标权重和评价标准，基础数据均来源于水量调度数据库，部分数据由水量调度评价子系统对基础数据自动处理后输入模型进行计算。其中，评价指标确定由水量调度评价子系统事先设定并自动输入模型；评价指标值计算数据包括年内水量分配计划数据和实际执行结果，由水量调度评价子系统从水量调度数据库自动获取，经系统进行统计处理后，自动输入评价模型进行计算；指标权重和评价标准可从水量调度数据库存储的权重方案和评价标准中自动获取，这些权重方案和评价标准由水量调度评价子系统在评价前预先设定，在评价过程中，水量调度评价系统可根据实际情况对权重方案和评价标准进行调整。

水量调度评价模型输出项是对水量调度方案实施的评价结果，包括被评价方案选定的评价指标值计算结果、评价值和评价结果等级三项，主要有以下用途：一是为水量调度评价系统提出优化水量调度方案建议提供支撑；二是为东线山东段调水整体情况的公开化服务提供评价结果数据。

4　结论

本文从评价指标体系建立、指标权重系数确定、指标计算及标准化处理、评价标准构建等方面开展了翔实的研究，构建了适用于南水北调东线一期水量调度工程的水量调度评价模型。经运算和试运行表明，模型考虑因素全面，计算灵活，功能和性能符合南水北调东线一期工程需求。考虑到南水北调东线一期工程山东段水量调度系统处于试运行阶段，模型参数率定还需开展更深层次工作。

参考文献

[1] 黄河勘测规划设计有限公司.南水北调东线一期工程水量调度系统详细设计报告[R].2013.

[2] Song-hao SHANG, Hui-jie WANG. Assessment of impact of water diversion projects onecological water uses in arid region[J]. Water Science and Engineering, 2013, 6(2): 119-130[doi:10.3882/j.issn.1674–2370. 2013.02.001].

[3] Saaty, T. L. How to make a decision: The analytic hierarchy process[J]. European Journal of OperationalResearch, 1990, 48(1): 9-26 [doi:10.1016/0377-2217(90)90057-I].

北京市南水北调水质安全社会监督体系研究*

顾华[1]　于磊[1]　李垒[1]　靖立玲[2]　马翔宇[2]　袁博宇[3]

（1 北京市水科学技术研究院；2 北京市南水北调工程建设委员会办公室；[2]
3 北京市南水北调调水运行管理中心）

摘　要：南水北调中线工程将于 2014 年汛后通水，成为首都供水新的生命线。针对当前水质安全保障工作透明度不高，缺乏公众参与和监督的问题，开展北京市南水北调水质安全社会监督体系研究。体系共包括专家领衔的咨询和解读活动、水质安全社会监督员制度、实验室开放日活动、第三方检测机构平行检测和舆情信息工作机制五项内容，力图通过三个平台、两项制度，加强政府对南水北调来水水质的全方位监管，促进水质检测水平的完善和提高，增加南水北调水质信息透明度和公信力，为保障北京市南水北调来水水质安全奠定基础。

关键词：北京市南水北调；社会监督；水质安全

　　南水北调是缓解中国北方水资源严重短缺局面的战略性工程，工程实施具有重大的社会、经济和生态效益，将于 2014 年汛后通水。按照北京市"十二五"水资源配置规划，到 2015 年，南水北调来水将占北京市全部用水量的 25% 以上，成为首都供水新的生命线。

　　饮水安全问题是我国面临的突出环境问题，它直接关系到人民群众的生命和健康[1]，生活饮用水安全保障是供水发展中各方关注的重大问题。近年来，突发性水污染事故日益增多[2]，广西镉污染（2012 年）、山西长治苯胺泄漏（2013 年）、兰州苯污染（2014 年）等突发事件不断刺激着公众紧绷的神经。目前我国处于产业结构调整时期，水源水质日益恶化的态势短期内难有根本好转[3]，而我国公众对水质的关注度日益增加，要求也越来越高。城市供水水质监管以政府为主导，职责分布在多个部门[4]，存在生产与监管内外检测不清、职能交叉重叠、信息孤岛严重、监管与社会监督不力等的问题，降低了水质信息透明度，削弱了政府社会公信力[5]。

　　根据《南水北调工程供用水管理条例》、《北京市南水北调工程保护办法》等法律法规，针对当前城市供水水质监管中存在的问题，结合北京市南水北调水质安全保障工作现状和需求，开展南水北调来水水质安全社会监督体系研究。通过专家领衔的咨询与解读活动、

*基金项目：北京市自然科学基金资助项目（8142021）和北京市科委南水北调来水生态风险应对关键技术研究课题（Z121100000312097）。

实验室开放日活动等多种公众参与和监督形式，督促政府改进工作作风，提高工作效率，增加水质安全保障工作透明度，消除公众误解；同时可激发公众参与水质保护工作的热情，提高其环保意识，改善自身行为，最终实现南水北调来水水质安全。

1 北京市南水北调概况

1.1 工程概况

北京市境内南水北调工程包括中线干渠北京段工程（起自房山北拒马河，终点团城湖），以及市内配套工程。南水北调中线干渠北京段南起房山北拒马河节制闸，北上至大宁调压池，经永定河倒虹吸、卢沟桥暗涵后沿西四环暗涵进入团城湖，全长 80 km，采用 PCCP 管和暗涵相结合的输水形；配套工程主要包括输水工程、调蓄工程、自来水厂新建扩建与改造工程、配水管网工程和管理设施建设五类。工程建设完毕后，北京未来将形成"26213"的城市供水系统格局[6]。

工程分 2008 年、2014 年和 2020 年三个阶段进行。第一阶段，建设南水北调中线京石段应急调水工程，即干线北京段工程，该工程于 2008 年 9 月通水运行。第二阶段，在 2014 年建成每年接纳 10 亿 m^3 外调水的水利设施。目前，配套工程建设已基本如期完成。第三阶段，到 2020 年时，全面完成北京南水北调配套工程建设任务，具备接纳年调水 14 亿 ~ 17 亿 m^3 的能力。

1.2 主管机构与职责

北京市南水北调工程建设委员会办公室（以下简称"市南水北调办"）是北京市南水北调工程建设委员会的办事机构，主要职责 11 项，水质保护相关的职能为"协助市水务行政主管部门负责南水北调来水水量调蓄、配置和利用；负责南水北调来水水质监测"。随着相关配套工程逐步完工，市南水北调办工作的重点将由建设转为运行管理，水质监测与供水安全监督管理和应急管理将会成为主要工作。按照"谁运行、谁管理、谁负责"的原则，自来水水厂取水口以上的水质监测工作（即从北拒马河节制闸至水厂分水口范围）由市南水北调办负责。

1.3 水质安全保障工作现状及问题

目前，北京市南水北调水质安全保障的重点工作为水质监测，但现有水质监测体系主要服务于京石段应急供水工程，实验室检测能力和自动监测能力有待提升，同时存在监测工作透明度不高，社会监督欠缺等问题。

（1）实验室检测能力有待提升，自动监测有待加强。现有水环境监测实验室只具备 53 项水质指标的监测能力，尚不具备地表水 109 项全项指标的检测能力。自动监测站监测指标包括水温、pH 值、电导率、DO、浊度、TOC、DOC、石油类、全盐量、硝酸盐氮共 10 项，缺乏突发污染事故监控预警的能力。

现有实验室监测站点 12 个，自动监测站点 2 个；现有水质监测方式以人工采样，室内试验为主，尚未形成由自动监测、实验室监测和移动监测结合的监测网络体系。

（2）水质监测工作透明度不高，缺乏社会监督。目前，水质监测工作由北京市南水北调调水运行管理中心水环境实验室负责，从取样、检测、数据汇总至水质信息发布各个环节缺少公众参与和社会监督，且公众缺乏了解水质信息的渠道，导致水质信息透明度不高，公信力不强。

虽然北京市南水北调办及下属单位通过新闻、媒体等多种渠道传递相关工作信息，但这种信息传递是单向的，水质保障社会监督体系尚未建立，相关舆情信息工作机制有待建立。

2 监督体系目标和原则

2.1 目标

通过广泛的公众参与和监督，加强政府对南水北调来水水质的全方位监管，促进水质检测水平的完善和提高，增加南水北调水质信息透明度和公信力，确保北京市南水北调来水水质安全。

2.2 原则

（1）政府主导原则。国外 NGO 以及其他社会公众团体已经发展成熟，并有相关法律法规加以保障，社会监督体系大多是自下而上形成，而我国社会监督尚处于起步阶段[7]，一般由政府主导，公众参与也主要依赖于政府的扶植和资助。

北京市南水北调水质安全社会监督体系应由政府主导，主要有两方面原因：一是有助于形成健康合力的公众参与体系，确保体系能够真正发挥作用；另一方面可以缩短体系建立时间，以最短时间内解决存在的问题。

（2）广泛参与原则。广泛接纳行业专家、人大代表、政协委员、NGO、企业、普通公众等不同阶层，形成最广泛的社会监督体系，确保体系的代表性和广泛性。

（3）开放透明原则。体系建立和日常运行处于开放透明状态，有关政策和制度全部公开，及时发布相关信息，反馈意见和建议。

（4）合理适度原则。社会监督和公众参与应合理适度，一方面是因为不同阶层关注点不一致，公众参与应有所差别。例如，普通公众关注的焦点是水质是否合格；专家学者可能更关注水质取样点位是否合理，检测方式是否科学。另一方面是因为水质安全保障工作涉及方方面面，环节众多，各个环节全部公开是不现实，也是无必要的。

3 监督体系框架及内容

按照"政府主导、广泛参与、合理适度、开放透明"的原则，建立北京市南水北调水质安全社会监督体系。监督体系形式多样，可根据后续工作开展情况进行调整、完善和扩充，主要包括专家领衔的咨询和解读活动、水质安全社会监督员制度、实验室开放日活动、第三方检测机构平行检测和舆情信息工作机制五项。以上五部分内容并不是独一的，而是相辅相成，互为依托的。专家咨询和解读活动旨在从专业角度向社会传达信息，目的是提高水质安全相关信息的公信力；社会监督员制度和实验室开放日则是公众参与在个体和群体两个层面的具体展现，目的是提高水质保障工作的透明度；第三方机构检测则是邀请社会第三方对水质监测结果进行复核，目的是提高水质信息公信力；舆情信息工作制度则是对社会监督过程中公众与政府、公众与监督代表、政府与监督代表、政府部门与部门之间的信息传递与沟通制度化，目的是保障公众的话语权。

整个监督体系借助三个平台实施：一是实验室开放日平台；二是市南水北调官方网站；三是监督员定期沟通会。专家咨询和解读活动中的解读答疑部分，水质安全社会监督员制度中监督员向公众传递信息环节，舆情信息工作机制的实施都需要借助实验室开放日这个平台；监督员定期沟通会和北京市南水北调办官方网站则作为政府部门与公众之间交流的窗口，承担着下情上递和上情下达的作用。整个公众参与体系框架结构及各部分之间的关系见图1。

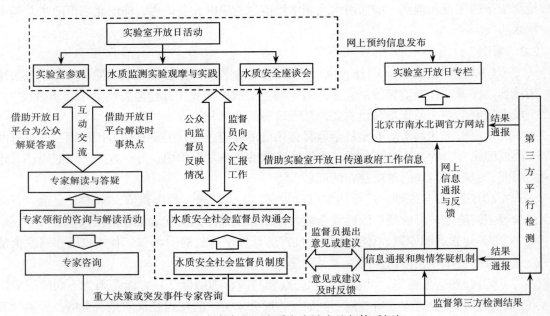

图1　北京市南水北调水质安全社会监督体系框架

3.1　专家领衔的咨询和解读活动

按照"知名专家领衔，行业专家参与"的原则，遴选水利、环保、卫生等行业的知名专家组成开放式专家库，并制定专家库管理办法。为政府部门储备智力资源，为重大决策和突发事件应急处置措施提供技术支撑。通过固定频次每月一期的时事热点解读活动，传递北京市南水北调办水质管理工作动态；通过答疑环节，解答公众疑虑。

3.2　水质安全社会监督员制度

借鉴国内已有成功经验，建立北京市南水北调来水水质安全社会监督员制度，制定监督员工作制度，明确其职责和权利。

（1）社会监督员组成包括人大代表、政协委员、环保组织和社会热心人士等。

（2）监督员义务主要包括：①监督检查水质安全保障部门工作开展情况，包括取样、化验、数据汇总与分析、信息发布等；②客观、公正地评价南水北调水质安全保障工作的开展情况，认真负责地提出意见和建议；③发挥政府与公众之间桥梁和纽带作用，定期参加水质安全社会监督员沟通会，了解政府工作动态，传达公众意见。

（3）监督员权利主要包括：①监督员有权利了解水质安全保障部门工作开展情况，在经授权允许后可适度参与相关工作；②监督员有权利对南水北调水质安全保障工作提出意见和建议，并要求相关部门给予反馈；③监督员有权利进入南水北调水质安全保障工作一线，对取样、检测、出具报告等环节进行监督。

3.3　实验室开放日活动

（1）时间与形式。确定每月第一个星期五为实验室开放日。实验室开放日形式多样，包括实验室参观、宣传片放映、水质监测实验观摩与实践、水质安全座谈会等。除每月 1 次的固定形式外，可根据实际情况临时增加。在市南水北调办网站设立"北京市南水北调实验室开放日"板块，接受公众预约和信息反馈。

3.4　第三方检测机构平行检测

采用委托合同的形式，选择业内知名、具有较高社会公信力的检测机构对北京市南水北调关键节点（如北拒马河节制闸、大宁调压池、团城湖调节）的水质进行平行检测，结果与北京市南水北调水环境实验室检测结果对比，提升检测精度，改善实验室管理水平，增强水质信息公信力。

3.5　舆情信息工作机制

建立南水北调水质安全保障工作舆情信息工作机制，包括舆情信息责任机制、舆情信息报送制度、舆情信息分析制度、舆情信息发布与反馈制度和舆情信息通报考评制度。针对每段时期水质安全保障工作情况，涉及南水北调水质安全有关的批评性报道或公众反映强烈的问题，借助官方网站、实验室开放日、社会监督员定期沟通会等平台进行宣传和反馈，提高公众对南水北调工作的认可度；突发事件时配合市委宣传部或市应急指挥委员会做好信息发布。

4　结论

南水北调来水作为北京市新的供水生命线，其水质安全至关重要。水质安全社会监督是水质安全保障工作的重要组成部分，不仅可以促进政府部门提高工作效率，增加水质安全保障工作透明度，消除公众误解；还可激发公众参与水质保护工作的热情，提高其环保意识，改善自身行为，为保障南水北调来水水质安全奠定基础。水质安全社会监督体系涉及面广，需要结合具体实际，在符合相关政策法规的前提下，遵循"政府主导、广泛参与、开放透明、合理适度"的原则开展体系建设工作，本研究旨在为北京市南水北调水质安全社会监督体系的建立提供思路和参考。

参考文献

[1] 李丽娟,梁丽乔,刘昌明,等.近 20 年中国饮用水污染事故分析及防治对策[J].地理学报, 2007, 62(9): 917-924.

[2] 王占生,刘文君.中国给水深度处理应用状况与发展趋势[J].中国给水排水, 2005, 21(9): 29-33.

[3] 邵益生.中国城市供水水质督察工作回顾与展望[J].给水排水, 2007, 33(8): 1, 64.

[4] 宋仁元,沈大年.城市供水水质标准的制订和实施对策[J].中国给水排水, 2004, 20(6): 89-92.

[5] 万锋,张庆华. 城市供水水质监管机制存在的问题及对策研究[J]. 环境科学与管理,2008,33(7):7-11.

[6] 北京市南水北调工程建设委员会办公室. 北京市南水北调配套工程总体规划[M]. 北京:中国水利水电出版社,2008.

[7] 李治淦. 水污染治理中的公众参与研究[D].广州:广州大学,2013.

膨胀土挖方渠道渠底变形研究

王磊　冷星火　郑敏　胡刚

（长江勘测规划设计研究院）

摘　要： 南水北调中线工程涉及膨胀土（岩）渠段累计长度约 380km，其中挖方渠道渠底多揭露中、强膨胀土（岩），渠底膨胀土的卸荷回弹变形和膨胀变形将对渠道防渗体系和衬砌板产生不利影响，危害工程安全。本文通过分析挖方渠道渠底变形机理和规律，提出适用于挖方渠道渠底变形控制计算的模型，并通过实际观测数据进行了验证。

关键词： 南水北调；膨胀土；挖方渠道；渠底变形

1　引言

湿胀干缩是膨胀土的主要工程特性之一，膨胀土吸水膨胀、失水干缩，均引起体积的改变，这给以膨胀土为基础的构筑物带来安全隐患。目前对于膨胀土的膨胀对构筑物的安全影响的研究多集中与公路工程、铁路工程、市政建筑工程等[1-3]，对于输水渠道工程的研究较少。

南水北调中线工程总干渠长 1427.17km，其中，总干渠明渠段渠坡或渠底涉及膨胀土（岩）累计长度约 380km，挖方渠道渠底多揭露中、强膨胀土（岩）。因此，膨胀土渠道开挖后，渠底膨胀土的膨胀变形和卸荷回弹变形，将对工程安全产生不利影响，这将是工程设计人员面对的重要课题。

本文在总结前人研究成果的基础上，根据渠底的结构形式，研究渠道开挖后渠底膨胀土的膨胀变形和卸荷回弹变形，提出适合于工程控制计算的渠底变形简化模型，并通过计算实例和观测数据进行验证。

2　渠底变形对渠道工程安全的危害

对于南水北调中线工程挖方渠道来说渠底变形主要为膨胀土的膨胀变形和渠基的回弹变形，变形将引起渠基的抬升。若不对变形加以处置和控制，过大变形将引起渠道衬砌板破坏，改变渠道糙率；更甚者破坏渗控体系（复合土工膜、PVC 排水管等），造成渠基渗漏；上述危害均会造成输水量减小，降低工程效益，甚至危害工程安全。

为保证工程安全和效益，渠底涉及膨胀土渠段应高度重视膨胀土的变形问题。

3 渠底变形模型

3.1 渠底变形机理研究

要想提出合理的渠底计算模型应首先弄清渠底膨胀土的变形机理。

膨胀土深挖方渠道渠底的变形一般为膨胀变形和回弹变形。膨胀土的膨胀变形机理，有研究者归纳为 3 种理论[4]：晶格扩张理论、双电层理论和微结构理论。工程应用方面，对于机理的研究更关心引起膨胀的内因和外因。膨胀土膨胀的内因是土中含有胀缩性的黏土矿物——蒙脱石自身的胀缩和土颗粒单元间距的变化，外因为土体含水量的变化。为此可将膨胀土膨胀机理简单解释为，膨胀土含水量增大引起的膨胀土中黏土矿物自身的胀缩和土颗粒单元之间距离的改变。

黏性土卸荷回弹的机理是黏性土当前施加的压力去除后，土颗粒弹性挠曲的卸荷回弹和在由压力作用下被挤出的本分结合水又被吸入黏附于土颗粒表面。

3.2 渠底变形模型研究

挖方膨胀土渠道渠底变形一般主要为膨胀变形和回弹变形，即

$$\varepsilon_{渠道}=\varepsilon_{膨胀}+\varepsilon_{回弹} \qquad (1)$$

根据上述膨胀和回弹变形的机理分析，膨胀变形和回弹变形均包含两部分，即土颗粒自身的变化和颗粒单元之间间距的变化。因此，在渠底变形计算时不容易区分哪部分变形是由膨胀引起的，哪部分变形是由回弹变形引起的。为此，需结合变形机理和施工情况加以研究。

按照施工技术要求[5]，膨胀土挖方渠段的施工工序见图 1 所示。膨胀土渠道开挖至渠底后，需进行验收等工作才能进行下一步水泥改性土换填工作，即使水泥改性土换填后衬砌完成，也不会立即通水。因此，渠道开挖至渠底时，由于渠底部位膨胀土含水量较高，受大气影响，此时膨胀土失水，表现为收缩变形；渠底上部土体开挖卸荷，渠底将发生回弹变形。土体中水分的散失越向深度发展散失量将逐渐减少，因此渠底膨胀土收缩变形由表层向深度发展将逐渐减小；根据卸荷回弹的机理，渠底由表层向深部发展回弹量逐步减少。

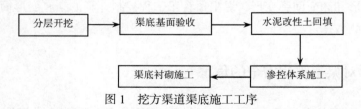

图 1 挖方渠道渠底施工工序

假定渠底沉降变形为"+"，回弹变形为"－"，则渠道开挖至渠底后至渠底水泥改性土换填施工前这一段时间内，渠底存在某一土层 $h_i \sim h_{i+1}$（该层土厚度为 $\triangle h$），使得式（1）有下述关系；并且当 $h \leqslant h_i$ 或 $h \geqslant h_{i+1}$ 时有 $\varepsilon_{\triangle h} \leqslant 0$。

$$\varepsilon_{\triangle h}=\varepsilon_{\triangle h \text{膨胀}}+\varepsilon_{\triangle h \text{回弹}}\geq 0 \qquad （2）$$

渠底复合土工膜和衬砌板未施工之前，渠底回弹变形对渠道衬砌板和防渗体系无危害，且回弹变形为弹性变形发展速度一般较快，在水泥改性土换填之前大部分回弹变形已经完成；水泥改性土未施工之前，渠底膨胀土直接与大气接触，土体中含水量受大气影响，表现为失水收缩沉降，吸水膨胀。渠底水泥改性土换填施工完成后，渠底膨胀土上层覆盖水泥改性土保护，土体中的水分散失量减少，渠坡中的地下水渗至膨胀土，此时膨胀土内含水量升高，膨胀变形。由于该阶段，渠底复合土工膜和衬砌板均已施工完成，此时膨胀变形对工程极为不利。

通过上述分析可以得出结论：因施工工序安排，回弹变形在渠底渗控体系和衬砌板施工完成之前已经基本完成；若前期渠底膨胀土失水干缩，后期因吸水膨胀将对渠底防渗体系和衬砌板产生不利影响。

3.3 渠底膨胀变形计算方法

根据渠底的结构形式，膨胀变形可简化为有侧限的膨胀变形。膨胀量的计算按照《膨胀土地区建筑技术规范》（GB50112—2013）中式（5.2.9）计算：

$$s_e=\psi_s\sum_{i=1}^{n}\delta_{spi}-h_i \qquad （3）$$

式中：s_e 为地基土的膨胀变形量，mm；ψ_s 为计算膨胀变形量的经验系数；δ_{spi} 第 i 层土的有荷膨胀率；h_i 为第 i 层土的计算厚度。

式（3）膨胀变形的计算深度 h_i 的确定目前还没有成熟的公式，根据膨胀变形的机理，膨胀土含水率增大引起膨胀。深挖方渠道渠底膨胀土体刚揭露时含水率一般较高，在与大气接触时土体含水率开始下降，但是含水率下降的深度有限；水泥改性土换填施工完成后，在裸露状态下含水率降低的膨胀土土层，受地下水补给，含水率将会升高引起膨胀变形，因此渠底膨胀土发生膨胀变形的计算深度可按照膨胀土的大气影响带进行计算。

4 计算实例

为了更好的说明深挖方渠道渠底变形模型和便于工程应用，现举一算例作进一步说明。

南水北调中线总干渠某一桩号渠道挖深 17m 左右，渠底揭露中膨胀粉质黏土，土层单一，相关参数见表 1。该桩号在渠底中心线布置沉降环 1 套，6 测点，在渠道开挖至渠基后到渠底水泥改性土换填前，沉降环测得的数据见表 2，表中向下沉降为正值，向上回弹为负值，以底部沉降环为基准进行计算。

表 1   不同压力下膨胀土的膨胀率

压力/kPa	25	50	100	150	200
膨胀率 δep/%	0.3	0	−0.2	−0.5	−0.8

表 2   沉降环观测成果表   单位：mm

时间/d	DM-6(9.074)	DM-5(6.948)	DM-4(4.886)	DM-3(3.891)	DM-2(3.133)	DM-1(2.049)
t	0	0	0	0	0	0
$t+1$	0	−23	32	35	−49.5	−20.5
$t+1$	0	−15	50	77.5	−34.5	−12
$t+2$	0	−16.5	39.5	49.5	−35	−13.5
$t+3$	0	−13	50	30.5	−40.5	−28
$t+4$	0	−16.5	47.5	28	−44	−34
$t+7$	0	−30.5	40.5	39.5	−52.5	−44.5
$t+9$	0	−7.5	34.5	47.5	−25.5	−11
$t+13$	0	−36	40	35	−56	−52.5
$t+22$	0	−22	25	22	−61.5	−40.5
$t+27$	0	−22	25.5	22.5	−60	−38
$t+29$	0	−16	30.5	42.5	−30.5	−32.5
$t+33$	0	−24.5	52.5	32	−47	−17
$t+37$	0	−24	41	42.5	−70.5	−32
$t+42$	0	−40.5	5	21	−65.5	−63.5
$t+52$	0	4.5	62.5	69	−13	−0.5
$t+59$	0	−38.5	18.5	27	−46.5	−49
$t+62$	0	−19.5	24.5	39.5	−41	−40
$t+65$	0	−41.5	37.5	43.5	−28	−26
$t+68$	0	−27	33.5	35.5	−59.5	−52
$t+71$	0	−20	42.5	43.5	−40	−30

    各沉降环位移过程线见图 2，定义总变形量 $\varepsilon = \sum_{i=1}^{6} \varepsilon_i$，其中 ε_i 为各沉降环的沉降量，总变形量 ε 位移过程线见图 3。

    根据观测数据可以看出，距离孔口 3.89~4.88m 范围内表现为沉降变形，其余变形为抬升回弹，因此存在一段区域膨胀土层的变形量 $\varepsilon \geqslant 0$，这与上文分析的渠底变形规律相符；对于同一沉降环不同的观测时间变形量出现跳跃变化，主要是因为膨胀土的胀缩变形受土体含水量变化的影响，因外界降水等因素影响，含水量发生变化，产生膨胀变形和收缩变形，距离孔口越近的沉降环这种现象越明显。根据总变形量 ε 过程线来看，渠底总体呈现回弹趋势，但不同时间的回弹量不同，且随时间变化规律不明显，这主要受膨胀土胀缩特性影响；同时也说明在此挖深条件下，渠底回弹变形完成时间较快，后期渠底的变形主要受膨胀土的胀缩性影响。$t+52$ 时间点，渠底沉降量较大，主要是施工过程中渠底过车碾压沉降的所致。

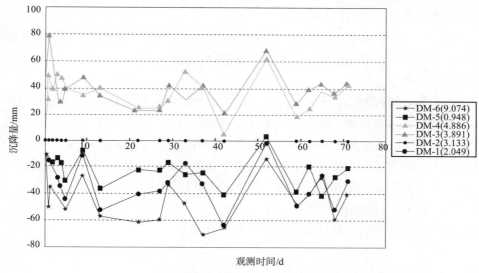

图 2 各沉降环位移过程线

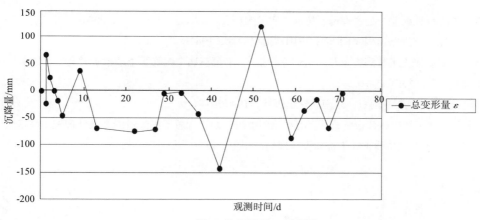

图 3 总变形量 ε 过程线

渠底沉降变形观测的实际规律与上文对渠底变形模型及变形规律的分析基本一致，因此渠道完工后（土工膜和衬砌板施工完成后），对工程影响最不利的变形为膨胀土的膨胀变形。

为消除渠道完建后膨胀土膨胀变形对渠底复合土工膜防渗体系和衬砌板的影响，中膨胀土渠底换填 1500mm 厚的水泥改性土限制渠底膨胀土膨胀变形。按照《膨胀土地区建筑技术规范》（GB 50112—2013）中式（5.2.9）计算膨胀变形量为 1.8mm，满足要求。

5 结论与探讨

（1）本文根据挖方渠道渠底膨胀土的膨胀变形和卸荷回弹变形机理及规律分析，得出了影响渠道安全和运行的最不利变形为渠道完工后期渠底的膨胀变形；因此，工程设计时应采取措施控制膨胀土后期的膨胀变形。

（2）根据某断面的观测数据分析，验证了本文对渠底膨胀土膨胀变形和回弹变形变化规律分析的合理性；并通过实例计算来看，渠底通过换填水泥改性土能够有效的控制渠底膨胀土的膨胀变形。

（3）渠底变形计算模型 $\varepsilon_{渠道}=\varepsilon_{膨胀}+\varepsilon_{回弹}$ 中膨胀变形和回弹变形相互影响，很难加以区分，给计算和观测都带来一定困难；膨胀变形受外界环境影响大，吸水膨胀失水胀缩，是渠底变形的主要影响因素；本文从影响工程运行和安全的角度出发，以水泥改性土换填施工完成后渠底膨胀土的膨胀变形量作为控制因素，对于该工程是合适的，但对其它工程，应根据具体工程特性研究膨胀变形和卸荷回弹变形的相互作用。

（4）本文仅对一个断面的观测数据进行了分析，比较局限，尚需进行不同挖深、膨胀性的断面进行观测和分析，以便确定本文分析的合理性。

参考文献

[1] 郑健龙，杨和平.膨胀土处置理论、技术与实践[M].北京：人民交通出版社，2004.

[2] 廖世文.膨胀土与铁路工程[M].北京：中国铁道出版社，1984.

[3] 郑健龙.公路膨胀土工程病害及其防治理论与技术[C]//第三届全国膨胀土学术研讨会论文集.长沙：长沙理工大学，2013:53-70.

[4] 高国瑞.近代土质学[M].南京：东南大学出版社，1990:19-81.

[5] 南水北调中线干线工程建设管理局.南水北调中线一期工程总干渠渠道膨胀土处理施工技术要求[R].北京：南水北调中线干线工程建设管理局，2010.

北京市南水北调水质监测站网布设研究*

于磊[1]　顾华[1]　李垒[1]　楼春华[1]　袁博宇[2]

（1 北京市水科学技术研究院；2 北京市南水北调调水运行管理中心）

摘　要： 开展北京市南水北调水质监测站网布设研究对提升首都水质保障能力，确保进京水质安全意义重大。对工程特点及水质监测现状进行了分析，明确了未来工作需求；在充分利用已有站点的基础上，结合配套工程实施计划，分期提出水质监测站网布设方案；考虑经济成本，充分借鉴国内外相关经验，借助水质模型模拟等手段对方案进行优化调整，形成最终方案。

关键词： 北京市南水北调；水质监测；站网布设；站网优化

南水北调是缓解中国北方水资源严重短缺局面的战略性工程，按照国家总体计划安排，中线工程将于 2014 年 6 月开展全线充水试验，汛后实现江水进京。党中央、国务院高度重视南水北调水质安全，北京市作为南水北调主要和最终受水区，对水质安全同样十分重视。《北京市南水北调配套工程总体规划》（以下监测《规划》）提出构筑三道防线[1]，通过水质监测预警、多水源联合调控、水污染应急处置、水质安全保障决策支持平台和水质安全保障机制五个方面的建设，形成北京市南水北调水质安全保障体系。

水质监测作为水质管理的前哨和眼睛，其监测结果反映了水质的现状和变化趋势，掌握该数据才能为后续水质管理决策提供支撑。按照《规划》要求，开展北京市南水北调工程水质监测站网布设研究，确定监测方式，优化监测站点位置和数量，形成一套科学合理，经济高效的监测网络体系，对提升北京市南水北调水环境管理水平，确保来水水质安全，意义重大。

1　工程概况

北京市南水北调工程包括干线工程和配套工程两部分，其中干线工程指北拒马河至团城湖 80km 输水干线，已于 2007 年完工；配套工程包括输水工程、调蓄工程、自来水厂新建扩建与改造工程、配水管网工程和管理设施建设五类，分 2008 年、2014 年和 2020 年三个阶段实施，第一阶段已经完工，第二阶段已基本完工。配套工程建成后，北京将形成以两大

* 基金项目：北京市自然科学基金资助项目（8142021）和北京市科委南水北调来水生态风险应对关键技术研究课题（Z121100000312097）。

动脉、六大水厂、两个枢纽、一条环路和三大应急水源地构成的"26213"供水格局[1]。与本研究相关的工程包括干线工程和配套工程中的输水工程、调蓄工程和水厂工程，见图1。

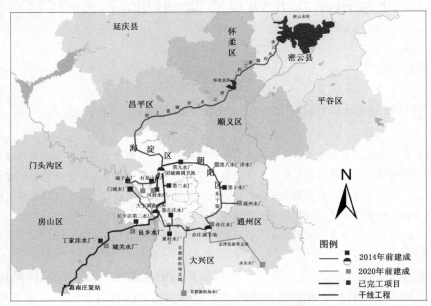

图1　北京市南水北调工程布局图

2　现状分析

2.1　工程环境特点分析

（1）以管涵输水为主，明水点少。北京市南水北调工程涉及的明水点仅有 7 处，其余皆通过地下管涵输水。明水点包括大宁水库、大宁调压池、亦庄调压池、团城湖调节池、密云水库调蓄工程 81km 引水渠、怀柔水库和密云水库，其中大宁调压池、亦庄调压池和团城湖调节池属新增人工建筑物。相关研究表明[2]，在封闭管道输水条件下长距离输送对水质影响不大，故管涵输水部分只需关注末端出水水质。

（2）涉及区县多，部分区域存在突发污染事故风险。工程涉及除延庆县和平谷区之外的所有区县，影响范围广。京密引水渠沿线开放水面较长，沿途数十座大小桥梁与之交叉；大宁水库则地处京石高速、G107 等公路线及老京广正线、二七厂等铁路线交会处，车流量较大。以上两处存在交通事故引发突发水污染事故的风险，应重点关注突发事故水质监测。

（3）关键节点明确，分水口数量众多。北拒马河节制闸、大宁调压池和团城湖调节池是北京市南水北调工程的关键节点，控制着入京、入城和入厂的来水，是建立三道防线的依托，应作为重点监测区域；输水干线和配套工程输水环线上分水口数量众多，对其开展水质监测有助于提前发现问题，避免问题水进入水厂。

2.2　水质监测现状及需求分析

目前，北京市南水北调水质监测体系主要服务于京石段应急供水工程，实验室取样点5处，分别位于河北七里庄（作为入京前哨站）、惠南庄、大宁调压池、大宁水库库南和团城湖明渠；自动监测站2处，为惠南庄自动监测站和大宁调压池自动监测站，前者归南水北调中线建管局管辖，数据与北京市南水北调共享。此外，配备一辆移动监测车负责现有工程区域的水质移动监测。

北京市南水北调水质监测方式以人工采样、室内试验为主，自动监测与实验室监测尚未形成体系，缺乏突发水污染事故监控预警能力，需从以下几个方面加以提升：

（1）增加监测站点，提升监测能力。水厂工程、调蓄工程等配套工程的逐步建成，将产生分水口、输水泵站等敏感点，需新增监测站点；客水适应性问题[4]应加以关注，并进行持续监测。水质监测指标和频次将会有所增加，现有监测能力远远不能满足未来监测任务需要。

（2）丰富监测方式，形成监测体系。南水北调来水后，监测区域面积将从北京市内干线段拓展至北京市全境，单纯依赖实验室监测无法及时掌握水质情况，需增加自动监测站点数量，形成自动监测与人工监测相结合的监测体系。

（3）增强水质监控预警能力。现有自动监测站以常规单一水质指标为主，只能对某几项指标实现监控预警，对除此之外的污染物无预警能力。在突发水污染事故（如长治苯胺污染、兰州苯污染、柳州镉污染）频发的当下[5-6]，常规自动监测已无法满足监控预警需要，不能实时分析污染物给水体形成的综合毒性，以发光菌[7]、水蚤[8]、鱼类[9]等为受试生物的综合预警已成为当前发展趋势。

3　监测站网布设

3.1　布设原则

（1）统筹兼顾，多方协调。统筹分析南水北调总体规划、经济社会发展规划、水资源保护规划，与水功能区管理和水资源开发利用的需求相协调，与"三道防线"相吻合，力求满足水资源安全利用和管理等多方面的需要。

（2）经济合理，科学布局。应充分利用已有监测站点，避免重复建设；采用科学方法，对水质站网进行优化配置和合理布局，确保站点获取最具代表性的水质信息。

（3）突出重点，分步实施。以满足阶段任务需求和保证供水水质安全为重点，其中"三道防线"关键节点布设自动站和实验室取样点，同时配备生物预警系统；工程明水点、分水口、调节池等重要节点布设自动监测站和实验室取样点；一般节点只布设实验室取样点或自动监测站。以配套工程分期实施规划为依据，根据站点级别和重要性，分阶段、分步骤开展监测站点建设工作。

3.2　站网组成与站点级别

水质监测方式包括实验室监测、自动监测和移动监测三种[10]，布设的站点类型相应有实验室取样点、自动监测站、移动监测站三种，站点级别分重点站和基础站两类。实验室监测就是定时定点在水体的某些断面取瞬时水样，带回实验室分析，是日常水质分析工作的基础；自动监测就是以在线自动分析仪器为核心，运用现代自动监控技术、计算机技术及相关专用分析软件进行水质参量在线、自动监测；移动监测以移动监测车为基本监测单元，以便携水质实验室和现场水质多参数分析仪为分析手段，是实验室监测和自动监测之外的一种应急监测形式。

依据站点重要性划分站点级别，不同级别站点监测指标、监测频率不同。其中实验室取样点分标准站和重点站两类，标准站监测指标为 29 项，重点站为 109 项全项；自动监测站分基本站、标准站和重点站三类，基本站仅监测常规五项指标，标准站在基本站基础上增加总氮、总磷等指标；重点站在标准站基础上增加生物预警系统。

3.3　监测方案及优化

依据北京市南水北调水质安全"三道防线"体系建设的要求，以确保水质安全为出发点，在充分利用已有监测站点的基础上，与配套工程实施阶段对应，分近期（2015 年）和远期（2020 年）开展监测站网布设。输水干线和环线分水口位置和数量都已确定，故其上的监测站点位置和数量也随之确定，需要讨论和优化的区域包括三道防线关键节点，大宁水库和京密引水渠，优化的内容包括监测站点的位置、数量和监测方式。

3.3.1　"三道防线"监测站点布设方案

（1）进京防线监测站点。在北京的入水口处（拒马河暗涵入口或惠南庄泵站前）设立水质实时监测设施，并配备生物预警装置，及时发现突发性水污染事故，借助关闭北拒马河暗渠进口节制闸，开启退水闸等措施，有效避免问题水进京。

应急供水阶段，南水北调中线建管局在惠南庄设立了一处自动监测站，监测指标包括水温、pH 值、电导率、溶解氧、浊度、氨氮、总氮、总磷、高锰酸盐指数、DOC、Chla 等 11 项。针对惠南庄泵站单独进行升级改造在通水后的一段时间内难以完成；在惠南庄或上下游某地新建一处自动站一方面存在重复建设造成资源浪费的问题，同时固定站房的建设涉及土地征用的问题，实际操作存在诸多困难。

为解决这一问题，在借鉴国内外先进经验的基础上，决定在北拒马河(市界)处新建一处监测站，该监测站兼具实验室和自动监测站功能，监测站房为不锈钢一体式，方便运输和移动。既解决了监测站选址和征地问题，又可以满足应急监测对设备移动性的要求，最大程度地节约建设和运行管理经费。监测指标除常规指标外，新增有机物、重金属在线监测设备，同时配备生物预警系统。该站点级别设定为重点站，监测方式采用实验室监测和自动监测相结合。

（2）进城防线监测站点。大宁调压池位于 PCCP 管道末端，在此进行监测可有效处置突发污染事故，借助关闭永定河倒虹吸等措施，避免劣质水进入市区。

应急供水阶段大宁调压池设置一处自动监测站，监测指标包括水温、pH 值、溶解氧、电导率、浊度、水中油、硝酸盐氮、TOC、DOC、全盐量等 10 项。

在充分利用已有设备的基础上，对其进行升级改造，增加生物预警装置。站点级别定为重点站，监测方式为实验室监测和自动监测相结合。

（3）进厂防线监测站点。团城湖调节池包括三处分水口，分别为进水闸（中线干线进水）、东水西调分水口（东水西调工程分水口）、环线分水口（东干渠分水口），在此设置监测站可以对进入城区的水质进行监控。由于调节池面积不大，且周围具有防护措施，发生突发事故的概率极小，三处分水口都设定为重点站并无必要。经综合考虑，确定进水闸为重点站，其余两处分水口自动站设置为基本站，实验室取样点设置为标准站。

3.3.2　大宁水库监测站点布设方案

大宁水库呈狭长状，左堤和右堤最大距离不足1km。现有水质监测数据表明，水库水质横向空间差异较小，因此在纵向上，自北向南布设库北、库中、库南（坝前）三处监测点可以全面掌握库区整体水质情况。水库南侧即为大宁调压池，两者间通过退水暗涵相连，鉴于此处水质的敏感性，在库南布设一处标准自动监测站，以确保进入大宁调压池的水质安全。借鉴已有研究成果[3]，在最可能发生事故的库尾增设一处基本自动监测站；针对风向带来污染物堆积的问题，突发事故时应结合当时风向，有针对性地开展现场布点监测。

3.3.3　京密引水渠沿线监测站点布设方案

反向调水工程自团城湖通过京密引水渠反向输水，经六级泵站提升至怀柔水库，再经三级加压输水至密云水库。其中团城湖至怀柔水库73km，怀柔水库至北台上倒虹吸8km，合计81km为明渠输水，剩余22km采用管涵输水。选用一维明渠输水模型开展苯污染突发事故模拟，结果表明，受限于水流速度，污染物扩散速度较慢，短时间内影响范围有限。同时京密引水渠上闸坝、泵站等天然屏障可为应急处置提供充分时间和多种处置手段。因此建议，9级泵站前池处设立自动监测站，泵站出水口间隔布设实验室取样点，根据不同泵站特点确定站点级别，既保证水质实时监测，又可降低日常水质监测工作量和运行成本。具体布设方案如下：屯佃泵站是反向调水第一处泵站和正常输水的最后一处泵站，西台上和郭家坞是怀柔水库前后两端的泵站，溪翁庄泵站是进入密云水库之前的泵站，埝头泵站是屯佃至西台上泵站之间的泵站，以上五处泵站作为标准站，监测方式为自动监测和实验室监测相结合；其余四处为基本站，监测方式为自动监测。

经调整优化形成最终方案（见表1），近期（2015年）规划布设实验室取样点26个，其中重点站3个，标准站23个；自动监测站点24个，其中重点站3个（含生物预警系统），基础站21个；移动监测利用已有移动监测设备1套，与北拒马河(市界)监测站相配合，负责北京市南水北调工程沿线水质移动监测工作。远期（2020年）规划布设实验室取样点和自动监测站点各7个，主要分布在新建水厂的分水口处（见表1）。

表1　　　　　　　　北京市南水北调水质监测站点汇总表

规划时期	监测站地点和名称	站点数量	监测类型	站点级别	备注
近期规划	七里庄前哨站	1	1	标准站	已有
	北拒马河监测站	1	1、2	重点站	新建

续表

规划 时期	监测站地点和名称		站点 数量	监测 类型	站点 级别	备注
	惠南庄泵站		1	1、2	标准站	已有
	大宁调压池		1	1、2	重点站	已有
	团城湖 调节池	进水闸	1	1、2	标准站	新建
		环线分水口、东水西调分水口	2	1	标准站	
				2	基本站	
	亦庄调节池		1	1、2	标准站	新建
	大宁调蓄 水库	库南	1	1	重点站	已有
				2	标准站	新建
		库中	1	1	标准站	新建
		库北	1	1	标准站	新建
				2	基本站	
	怀柔水库	坝前	1	1	标准站	已有
	密云水库	白河主坝	1	1	标准站	已有
	密云水库 调蓄工程	屯佃、埝头、西台上、郭家坞、溪翁庄	5	1、2	标准站	新建
		柳林、兴寿、李史山、雁栖	4	2	基本站	新建
	南干渠	黄村水厂和郭公庄水厂分水口	2	1	标准站	新建
	东干渠	第九、第十水厂分水口	2	1	标准站	新建
				2	基本站	
	干渠	丁家洼水厂、长辛店水厂和第三水厂分水口 河西支线分水口	4	1	标准站	新建
				2	基本站	
小计	实验室监测点		26	—	—	—
	自动监测站		24	—	—	—
远期规 划	南干渠	首都机场支线、京津发展带支线分水口	2	1	标准站	新建
	东干渠	第八水厂分水口、通州支线分水口、亦庄水厂分水口	3	1	标准站	新建
				2	基本站	
	干渠	城关水厂、良乡水厂分水口	2	1	标准站	新建
				2	基本站	
小计	实验室监测点		7	—	—	—
	自动监测站		7	—	—	—
合计	实验室监测点		33	—	—	—
	自动监测站		31	—	—	—

注　表中 1 为实验室监测，2 为自动监测。

4 结论

南水北调中线工程将于 2014 年 10 月通水，水质安全保障的相关工作正在开展，水质监测是重要组成部分，开展水质监测站网布设研究意义重大。北京市南水北调工程中的开放水面应是水质监测的重点区域，尤其是三道防线关键节点、京密引水渠和大宁水库。针对这一工程特点，在充分利用已有站点的基础上，结合配套工程实施计划，分期提出水质监测站网布设方案；考虑经济成本，充分借鉴国内外相关经验，借助水质模型模拟等手段对方案进行优化调整，形成最终方案。

参考文献

[1] 北京市南水北调工程建设委员会办公室. 北京市南水北调配套工程总体规划[M]. 北京:中国水利水电出版社,2008.

[2] 赵蓉,李振海,祝秋梅. 南水北调中线北京段应急工程的输水水质预测及保护对策[J]. 中国水利水电科学研究院学报,2009,7(4):311–315.

[3] 于磊,顾华,楼春华,等. 基于 MIKE21FM 的北京市南水北调配套工程大宁水库突发性水污染事故模拟[J]. 南水北调与水利科技,2013(4):66–70.

[4] 石宝友,李涛, 顾军农,等. 北方某市水源更换过程中管网黄水产生机制的探讨[J].供水技术，2010,4(4):12–15.

[5] 艾恒雨,刘同威. 2000—2011 年国内重大突发性水污染事件统计分析[J]. 安全与环境学报，2013,13(4):284–288.

[6] 幸红,潘运方. 突发性水污染应急措施有关机制研究[J]. 人民珠江,2007(4):35–39.

[7] CHANG J C. TAYLOR P B. LEACH F R,et al. Use of Microtox Assay System for Environmental Samples[J]. Bull Environ Contam Toxicol, 1981,(26):150.

[8] 任宗明,饶凯锋,王子健. 水质安全在线生物预警技术及研究进展[J]. 供水技术,2008,2(1):5–7.

[9] 罗岳平,李宁,汤光明. 生物早期警报系统在水和废水水质评价[J]. 重庆环境科学, 2002(1):49–53.

[10] 鲁晓新,王育红,王丽伟. 南水北调中线工程水质监测站网布设研究[J].人民黄河,2007,29(2):6–7.

南水北调西线工程调水区设计径流分析方法研究

雷 鸣

（黄河勘测规划设计有限公司）

摘 要： 本文结合近20年来南水北调西线调水工程调水地区坝址径流量计算的经验与问题，对利用径流资料相关、径流面积指数、分布式水文模型模拟计算等3种计算方法插补的调水区坝址径流成果进行对比和取舍。实践经验表明，增设坝址专用水文站是提高计算成果质量的重要前提，在利用坝址下游已有较长观测记录的常规水文资料及短暂坝址专用站水文资料所进行的常规方法计算时，还需结合区域雨量资料及地理信息系统所开展的分布式水文模型等研究，进行多方法对比，并进行综合分析、取舍，以获取较客观、可靠的计算成果。

关键词： 调水区；面积指数法；分布式水文模型；径流量相关法

南水北调西线调水工程是从长江源区的通天河，及其支流雅砻江、大渡河的源区向黄河上游调水的巨型跨流域调水工程。自20世纪80年代后期进入超前期规划研究（1987—1996年）、规划阶段（1996—2001年），目前已经进入第一期工程项目建议书阶段，至今已近20年。鉴于工程调水坝址位于青藏高原东部，海拔均在3500m以上，该地区高寒缺氧，人烟稀少，水文气象资料比较缺乏，因此，在此类缺资料的地区如何充分利用有限的水文气象资料来进行工程水文计算，是做好工程前期工作的基础。本文主要利用南水北调第一期工程调水坝址设计径流计算的方法与成果，结合超前期规划、规划阶段坝址同类研究的一些经验与教训，简述各计算方法的优点与不足，为其它缺资料地区径流插补计算提供借鉴。

南水北调西线第一期工程主要涉及雅砻江干流上游及其支流鲜水河、大渡河上游支流绰斯甲河与足木足河，包括雅砻江甘孜和道孚以上地区、大渡河双源汇合口绰斯甲与足木足以上地区，总面积为82080km²。调水枢纽工程西起雅砻江干流上游，向东经鲜水河的达曲、泥曲，绰斯甲河的色曲、杜柯河及足木足河的玛柯河、阿柯河等六条支流，最后穿过巴颜喀拉山进入黄河。

在各调水河流雅砻江、鲜水河、绰斯甲河与足木足河调水坝址下游较远处，分别有甘孜、道孚、朱巴、绰斯甲、足木足等常设水文站。这几个水文站均建于20世纪50年代后期，至今已有多年实测径流系列。另外，在各水文站上游及临近地区还有少量气象站的雨量资料。

为解决工程调水坝址附近水文资料缺乏的状况，1992年在雅砻江温波设置了专用水文站，1999 年在杜柯河壤塘、玛柯河班玛，2001 年在达曲东谷站、泥曲泥柯站，2003 年在阿柯河安斗分别设立专用水文站，至 2010 年 12 月已分别积累了 7～19 年的水文资料。

1 坝址多年平均年径流量计算方法简介

1.1 径流面积指数法

此法利用坝址下游多个参证站多年平均年径流量与相应集水面积在双对数坐标上建立相关关系，按式（1）计算坝址多年平均年径流量：

$$W_坝 = (F_坝/F_参)^n W_参 \tag{1}$$

式中：$W_坝$ 为坝址多年平均年径流量，亿 m^3；$W_参$ 为参证站多年平均年径流量，亿 m^3；$F_坝$ 为坝址以上流域面积，km^2；$F_参$ 为参证站以上流域面积，km^2；n 为地区综合指数。

该方法是无资料地区设计年径流插补计算的通用方法。其计算结果是否合适，主要取决于所采用的指数 n 的大小能否真实反映坝址以上与下游邻近参证站径流量随面积的变化关系。指数 n 通常用坝址附近区域实测水文资料来率定。通过几个阶段实践表明：利用同一河流的测站得到的 n 值较相邻流域综合分析得出的 n 值更能体现调水河段上下地区特性；n 的取值，不一定利用愈是靠近坝址区的测站资料所得出的值愈合理，但如何取站最为合理，尚无确切的判别办法；测站选定后，随着测站径流系列长度的变化，对 n 值变化的影响不大。

1.2 分布式水文模型模拟计算法

中国科学院寒区旱区环境与工程研究所研制了南水北调西线第一期工程调水区分布式水文模型。该模型以地理信息系统为基础，以流域内部及邻区的月降水量和月气温观测资料作为模型的输入参数，以规则格网作为模拟的最小单元，每个格网单独产流，累积水文站以上流域的产流获得该水文站的流量。每种植被与一种土壤相联系，在一个格网内可能具有多种土壤和不同的植被，不同的土壤具有不同的土壤厚度和水力参数。流域内的总产流量由各个格网同期的产流量累计获得，流域内各格网的模型参数由长资料水文站的1960—1975 年观测资料共同校正获得，长资料水文站的 1976 年以后长序列观测资料用以检验模型的稳定性，用专用站的短期观测资料来辅助对比专用站以上区域的参数的有效性，最后利用 1960 年 1 月以来专用水文站以上部分格网的累计产流获得各专用水文站设计年份的年、月径流量。

该方法充分利用了调水区的水文气象及下垫面资料，是基于 GIS 的水文模型，物理概念清晰，是对计算方法的有益探索和补充。另外，对分区产流特性的判别指标，可用来论证各河流坝址之间及其上、下游区域径流模数大小关系，为成果的合理性论证增加了重要的依据。

1.3 专用站与常设水文站径流量相关法

利用坝址专用水文站短期年、月径流资料与同期下游水文站年、月径流资料建立相关，插补出坝址专用水文站多年逐月径流量。该法有两个前提条件，首先，上、下站径流成因相同，丰枯同步关系比较一致；其次，建立的相关关系显著，但随着资料的增加，相关关系出现变动，插补出的多年平均年径流量也会有波动。这主要是由于不同实测段上、下游丰枯程度的变化不同引起的。故实际运用中，可通过同期坝址上下区间降雨资料偏多偏少程度，间接判断实际用于建立径流相关分析的上下站径流丰枯情况，来判别插补的多年平均年径流量可能偏离程度。

西线工程规划阶段，曾经利用雅砻江上游的温波专用水文站与其下游甘孜参证站 1992—1996 年月径流量建立相关，来插补其多年平均年径流量。由于过分考虑异常点据，导致整个相关线上翘。目前，温波站资料已经连续观测到 2010 年，根据 19 年径流资料来看，当时插补出温波站多年平均径流量较实测值大 5%左右。故本次在建立相关关系过程中，根据资料特点建立全年月平均流量相关、分期月平均流量相关、按月平均流量大小分级相关；相关关系原则上考虑使用最小二乘法进行计算成果的初步控制，然后根据点据分布情况适当调整。

2　各插补方法推求坝址多年平均年径流成果的综合评价

西线第一期工程规划阶段、项目建议书阶段用各方法计算的各坝址年径流量见表 1。

表 1　　　　　　各坝址多年平均径流量计算成果比较表　　　　单位：$10^8 m^3$

河流名称	坝址		集水面积/km²	面积指数法		径流相关法		模型模拟法	
				规划	项目建议书	规划	项目建议书	规划	项目建议书
雅砻江干流	热巴		26535	64.0	60.69	61.87		59.6	
鲜水河	达曲	阿安	3487	11.4	10.57	9.98		10.41	
	泥曲	仁达	4650	12.7	12.86	11.69		13.11	
绰斯甲河	杜柯河	上杜柯	4824	15.99	16.49	15.03		15.52	
足木足河	玛柯河	亚尔堂	4826	15.37	15.04	13.61		15.02	
	克曲	克柯	1496	4.07	4.00	5.71		5.72	

面积指数法虽然依据下游站资料系列比较充分，但利用坝址下游较远参证站径流与集水面积的增长关系来推算坝址年径流量，成果大小难以把握，往往可能偏大。但从表 1 最后一行看，对克柯坝址的计算成果明显较其它方法小。这是由于克柯坝址以上地区背靠较陡峭的山脉，为南风—东南风迎风坡，该地区水汽抬升容易形成降水，流域产汇流条件明显比玛柯河班玛以上地区要好，并且坝址面积较足木足面积小得多，故面积指数法计算的克柯坝址多年平均径流量值可能偏小较多。

分布式水文模型法的物理概念清楚，运用调水区河段资料最为充分，能在一定程度上按坝址以上实际降水多少，给出坝址专用站年月径流过程，从模型率定和检验结果来看，模拟值与实测值比较接近，但模型计算涉及环节较多，模型参数确定仍存在一些不确定性，特别是坝址以上实测雨量资料不多，月径流过程模拟计算成果精度及径流总量模拟误差还较难以控制，故该法计算的各调水河段成果可作为一个旁证成果。

径流相关法是以专用水文站建站以来的实测年、月径流资料，与邻近参证站建立相关进行插补。目前，一般认为用于相关分析的资料年限太短，相关关系再好，但对插补的各坝址多年平均年径流量成果大小是否合适，难以确定。为解决这个问题，利用了调水区域内的位于鲜水河上下游的朱巴与道孚两水文站同期 40 余年径流资料，进行实验研究。分别选用了朱巴站径流偏丰、偏枯程度大于同期道孚站的两个短系列资料分别建立相关，结果前者插补的朱巴多年平均年径流量大于实际的多年平均年径流量，偏大程度与用于相关分析的短系列偏丰程度一致；而后者结论则相反。这样为判别径流相关法插补各坝址成果大小提供了借鉴办法。故经过朱巴与道孚站相关插补研究比较，其插补值偏离真值的程度已得到基本控制，其效果比分布式水文模型模拟法要好。

3　结论

从现阶段采用的成果来看，雅砻江干流、鲜水河、绰斯甲河及足木足河 4 条河的专用站（坝址）以上区间径流模数一般小于坝址以下区间的径流模数，绰斯甲河平均径流模数最大，鲜水河平均径流模数最小，这些与规划阶段成果的大小关系是一致的；各坝址以上区间径流模数比较，以仁达最小，克柯最大，则与规划阶段结果不同。根据本阶段利用地理信息资料分析的各区间产汇流条件特性分析，本阶段各坝址以上区间径流模数的大小及相对关系更趋于合理。

朱巴以上流域与 6 个调水坝址以上合并区域在地形指数频率分布上具有很高的相似性。另外，根据分析、计算，朱巴以上流域多年平均年降雨量达 614mm，而 6 个坝址以上区域的多年平均年降雨量为 618mm。因此，借助 TOPMODEL 理论认识，在下垫面条件相同的条件下，具有相同地形指数频率分布的流域，对于同一降雨过程得到相同的径流深过程。为此，可将朱巴以上流域多年平均年径流模数直接移用到 6 个子流域合并的流域，折算合并区域的多年平均年径流总量较本次计算的多年平均年径流量总量相差 2%，两者相差很小。这有力证明，各坝址设计年径流量成果所依据的专用站多年平均年径流量成果从总体上看，不仅合理，而且采用的多年平均年径流量成果比较接近实际，成果已趋于稳定，故各坝址所采用的多年平均年径流量已趋于稳定。

通过南水北调西线第一期工程坝址年设计径流的 3 种插补方法对比分析可以看出，对于缺少水文实测资料的地区，必须使用多种方法进行综合分析，而且要尽可能的应用能够掌握的一切水文气象资料。虽然推荐成果没有采用分布式水文模型模拟计算成果，但是应该看到该方法是现代水文学新的发展方向和有益尝试，将来随着该方法的逐步成熟，在基本资料较为充分的情况下，肯定能在水文分析计算得到更广泛的应用。

参 考 文 献

[1] 中科院旱区寒区环境与工程研究所.南水北调西线第一期工程各调水河段产汇流特性与变化规律研究[R].2004.

[2] 孔凡哲，芮孝芳.基于地形特征的流域水文相似性[J].地理研究，2003,22（6）：709-715.

引黄河水入张家口坝上地区规划方案分析

武智宏　　周慧

（河北省水利水电勘测设计研究院）

摘　要： 张家口坝上地区天然地表水资源缺乏，地下水已严重超采，给生态环境带来了一系列问题。引黄济坝工程是缓解该地区水资源短缺及生态环境恶化的有效途径之一。首先分析引水量、引水规模，规划了三条引黄入坝线路方案，主要从输水距离、工程造价、实施难易程度等方面比较各方案的优缺点，优选调水方案，为坝上地区跨流域调水工程设计提供参考。

关键词： 引黄济坝；方案规划；水资源；张家口

1　工程概况

张家口市坝上地区位于河北省西北部，属内蒙古高原南缘，海拔在 1300 ~ 1600m，总面积 13816km²。行政区域包括 康保、沽源、张北和尚义四县及察北牧场、塞北牧场两个管理区，总人口 110 万，其中农业人口占 90%[1]。坝上地区位于我国北方半湿润农区与干旱、半干旱牧区接壤的过渡地带和北方沙漠南侵的前缘地带，是北京和天津境内河流的发源地及上游地段，也是北京和天津的重要沙源地。作为北京、天津乃至华北平原的重要生态屏障，坝上地区对于首都圈防风固沙、涵养水源、防止水土流失等方面起着特殊的生态作用[2]。

坝上地区属典型的寒温带半干旱大陆性季风气候区，气候总体特征是干旱、少雨、多风沙，生态环境十分脆弱。据张家口市 1956—2003 年水文统计资料计算，坝上多年平均降水量为 379.5 mm，降水量年际之间变化很大，一般枯水年降水 318.8 mm，特殊枯水年降水 250.5 mm。多年平均水面蒸发量 1107mm。

2　坝上地区水资源状况及存在问题

坝上大部分地区属内陆河流域，无较大河流，多属流程较短的季节性河流，也没有外流域的入境水，地表水资源少。水资源利用主要为地下水，地下水补给源单一，只有大气降水可补给地下水，整个坝上区域属水资源短缺的生态脆弱地区。

根据《河北省张家口市水资源评价报告》，张家口市 50%保证率可利用水量 11.26 亿

m³, 75%保证率可利用水量 10.75 亿 m³；其中坝上地区 50%和 75%保证率可利用水量均为 1.17 亿 m³。经分析张家口市坝上地区析现状水平年 50%保证率情况下缺水率为 22%，75%保证率情况下缺水率为 33%。坝上地区缺水状况详见表 1。

表 1　　　　　　　　　　张家口市坝上地区现状水平年水资源供需状况

区域	坝上地区	
保证率/%	50	75
需水量/亿 m³	1.51	1.75
可利用水量/亿 m³	1.17	1.17
余缺水量/亿 m³	−0.34	−0.58
余缺水率/%	−22	−33

坝上地区水资源可利用量 1.17 亿 m³。其中，地下水可利用量 1.01 亿 m³，占 86.3%；地表水可利用量 0.16 亿 m³,占 13.7%。坝上地区水源主要以地下水为主。50%保证率情况下缺水率达 22%[2]。近 10 年来，坝上地区一直是降水偏枯年份，地表来水少，以降水为补给源的地下水也大大减少，且连年超采地下水。对土地和水资源的不合理开发利用，坝上地区的天然植被遭到了极大破坏，给本就脆弱的生态环境带来一系列问题。

（1）地表水可利用量大幅减少。坝上地区现有中小水库 21 座，其中，中型水库 4 座，小型水库 17 座，总设计蓄水能力为 2.3 亿 m³，受益范围为 15.32 万亩。2009 年蓄水的只有 7 座水库，其余均为干库。4 座中库实际蓄水只有 1100 万 m³，加上小库蓄水不足 2000 万 m³。坝上 20 世纪 90 年代曾有 269 个淖泊，到 2005 年只剩 64 个，因干涸减少了 205 个。水面面积由 170km² 减少到不足 7.1km²，淖泊蓄水量减少了 1.2 亿 m³。有 10 万亩水面的坝上最大淖安固里淖在 2004 年干涸。2009 年剩下的淖泊大部分也干涸。

（2）土地沙化、草原面积剧减，草场退化严重。坝上地区地表水可利用量主要有水库工程蓄水及淖泊存蓄。近几年大部水库干库，湖淖大幅减少，甚至干涸。

坝上地区存在严重的土地沙漠化问题。河北省 2000 年土地沙化面积是 272 万 hm²，坝上地区土地沙化面积达 121.41 万 hm²，占全省沙化面积的 44.64%。目前，沙化土地占坝上高原土地总面积的 68%，比 1952 年增加了 3 倍，土壤侵蚀模数高达 3000t/(a·km²)，沙尘暴天气平均每年发生 8 ~ 12d[3]。由于干旱缺水、过度垦荒和放牧，使草原植被遭到破坏，坝上草原面积急剧下降，草场的覆盖度和高度也大幅下降，整个坝上地区草场严重退化。

（3）地下水位不断下降，水土流失、地面沉降，雨季伴有崩塌、滑坡等地质灾害。20 世纪 90 年代初期，坝上有机井不到 5000 眼，1998 年全坝上地下水的利用量不到 5000 万 m³。由于利用水源主要为地下水，用水量不断增加，现状比 90 年代增加了 3 倍，机井发展到 2 万眼左右，20m 以下的小井大部分已报废。井深由 90 年代的 15~45m，到目前多为 90~120m。由于地下水实际利用量已超过了其允许开采量，局部地区出现了超采现象。据监测，从 2000 年以来，地下水位年均下降 3~4m，个别点地下水位埋深在 70m 左右。

在近坝缘的山麓和起伏较大的丘陵，由于坡地开垦和过度放牧，坡面植被稀疏甚至裸露，水土流失严重。据有关资料，坝上地区水土流失面积已由 20 世纪 50 年代初的 13.33 万 hm²，扩大至 2000 年的 387.63 万 hm²，其中水力侵蚀面积为 300.52 万 hm²，占全国水力侵蚀面积的 54.98%，成为全国水土流失比较严重的地区之一[4]。水土流失产生的泥沙大量淤积水库、塘坝、河道，使河床抬高，降低了防洪、灌溉、发电等综合效益的发挥，缩短了水利工程使用寿命。

坝上地区水土流失最严重的是尚义、沽源等县的坝缘段和康保丘陵区[5]。由于植被稀少、土壤稀松，虽然年降水量少，但降水集中，遇大暴雨时，雨水来不及下渗，携带大量泥沙急速流走，泥浪滔滔，有时还伴有崩塌、滑坡等地质灾害，甚至造成财产损失和人员伤亡。

坝上地区现状面临的水资源短缺和生态环境问题，不仅影响农业灌溉和工业生产，而且严重制约着坝上地区的经济发展和人民生活水平的提高，随着人们对生存环境的关注，资源的可持续开发和利用也成为发展的焦点。

3 引水规模及线路方案

3.1 引水规模分析

3.1.1 坝上地区现状用水量

据统计，坝上地区现状全年总用水量为 2.38 亿 m³，其中地下水用水量为 2.29 亿 m³，占总用水量的 96%，见表 2。

表 2 张家口坝上地区现状实际用水量

项目	用水量/亿 m³	占比例/%
地下水	2.29	96%
地表水	0.09	4%
总计	2.38	1

3.1.2 坝上地区缺水量

根据《张家口市水资源评价》成果，张家口坝上地区地下水可利用量(即允许开采量)1.01 亿 m³，现状地下水实际用水量 2.29 亿 m³，由此计算现状缺水量为 1.28 亿 m³。

分析地下水用水组成，农业灌溉用水 1.93 亿 m³，占总用水量的 84%，工业用水 0.09 亿 m³，占总用水量的 4%，居民生活用水 0.27 亿 m³，占总用水量的 12%[1]。考虑坝上地区为生态脆弱地区，限制工业发展，农业灌溉采用节水措施，因此预测地下水用水量按工、农业用水不增加计算。生活用水量按人口增长率并适当考虑随着生活水平提高用水定额适当增加计算。预测结果，2020 年地下水用水量为 2.72 亿 m³，2020 年缺水量为 1.71 亿 m³。

3.1.3 引水量分析

黄河流经包头境内 214km, 多年平均径流量 260 亿 m^3。黄河最下游的山东利津水文站多年平均天然径流量为 500 亿 m^3 左右, 2008 年利津站天然径流量 401 亿 m^3, 实测径流量 145 亿 m^3, 入海水量 141.6 亿 m^3。若从黄河调水 1 亿~2 亿 m^3 水量到坝上地区, 从水量上分析应当是可行的。

3.1.4 引水规模

引黄河水入张家口坝上地区（以下简称引黄济坝）工程按坝上地区缺水量计算引水规模为 1.71 亿 m^3, 根据内蒙古及坝上地区气候条件, 引水时间段为春季开河后 4 月 1 日至封冻前 11 月 15 日, 年引水天数为 229d, 由此计算平均引水流量为 8.64 m^3/s。考虑受水区入黄盖淖水库、安固里淖进行调蓄, 平均引水流量 8.64 m^3/s 可以满足坝上地区用水要求。

因考虑到输水管线距离较长, 设计中考虑 10% 的管网漏失, 因此确定取水构筑物及提升泵站设计规模为 9.6m^3/s。

3.2 线路方案

3.2.1 北线方案——从镫口扬水站引水方案

起点黄河包头镫口扬水站, 沿京藏高速呼和浩特至包头市段北侧至旗下营, 经三道营卓资县城北至集宁市北, 经五股泉、康八诺、大青沟南至安固里淖, 全长 376.2km。

北线方案线路大致为西东走向, 沿途起点镫口扬水站处高程 1000m 左右, 镫口至旗下营段地形较平缓, 引水管线基本沿高程 1200m 铺设, 该段长约 181.5km; 旗下营至集宁市北段地形起伏较大, 管道沿线高程约在 1200~1800m 之间, 该段长约 85.3km; 集宁市北至安固里淖, 管道沿线高程约在 1200~1600m 之间, 该段长约 109.4km; 终点安固里淖高程约 1310m。

该方案从黄河河道取水, 取水处应建地表水处理设施一处, 处理规模 9.6m^3/s。线路高程差 310m, 经估算, 引水工程沿途需建 6 级泵, 总扬程约 590m。穿山隧洞长约 50km。

3.2.2 南线方案——从万家寨水库引水方案

起点黄河万家寨水库库区, 经阳崖、石湾子、五间天、双古城, 至凉城县城东入岱海, 经岱海调蓄, 自岱海经三义泉、察哈尔右翼前旗, 穿黄旗海, 经打拉基庙、民族团结及尚义县南, 再经汗海子、庙东营, 至黄盖淖水库, 全长 323.7km。

南线方案线路大致为西南至东北, 沿途起点万家寨水库正常蓄水位 977.0m, 万家寨至岱海段, 地形起伏较大, 管道沿线横穿阳家川、清水河、马场河、弓坝河等, 该段沿线山脊高程在 1200~1500m 之间, 线路长约 139.8km; 岱海至尚义县段, 地形起伏仍较大, 管道沿线横穿大黑沟、黄旗海、鄂卜坪河、后河等, 该段沿线山脊高程在 1300~1600m 之间, 线路长约 114.5km; 尚义县至黄盖淖水库, 该段沿线山脊高程在 1300~1500m 之间, 线路长约 69.4km; 终点黄盖淖水库高程约 1340m。

线路高程差 363m, 沿途建 10 级提升泵站, 穿山隧洞长约 90km。总扬程约 620m。

3.2.3 分水线方案——从引黄济京线路桑干河分水方案

该方案从引黄济京线路桑干河上分水, 比较沿桑干河的要家庄、井儿沟、小渡口三个取水位置，小渡口位于壶流河与桑干河交汇处，该处取水引水线路距离最短，地形条件较有利，水利最充沛，初步选择小渡口处为分水线方案取水起始点。

分水线方案自小渡口处设扬水泵站，向北经化稍营、李家沟、第三堡，至太平庄水库；经太平庄水库调蓄后，引水线路沿阳原至万全至张北公路以东布置，经高家窑、孔家庄西、万全西、善房堡西、玻璃彩，至张北；自张北西经龙王庙、二先生营村入黄盖淖水库，全长 125km。

方案线路基本为南北走向，引水起点小渡口处河道高程约 810m，小渡口至太平庄水库段，管线穿洋河与桑干河分水岭，地形起伏较大，管道沿线高程在 800~1400m 之间，线路长约 37.5km（太平庄水库正常蓄水位为 924.5m，死水位 919m）；太平庄水库至黄盖淖水库段，管线穿洋河、四清大渠，顺城西河、玻璃彩河、安固里河至黄盖淖水库，该段管道沿线高程在 900~1500m 之间，线路长约 87.5km；终点黄盖淖水库高程约 1340m。

线路高程差 530m，沿途建 10 级提升泵站，穿山隧洞长 42 km，总扬程约 650m。

4 引水工程设计

根据《室外给水设计规范》（GB 50013—2006）并考虑工程输水流量较大的特点，若采用单条输水管线，管径过大；且管道沿线地形复杂起伏较大，不具备修建安全贮水池的条件，因此，工程拟采用双排输水管线。

在给水工程中，管道占投资的比重很大。针对输水距离长、输水管道工作压力较高，当地地形为山区，管道沿线地质情况复杂，且输水管线多次穿越河床，管道埋设条件差，行洪也会对管线形成威胁，经综合比较选择防冲刷能力强、耐压能力高的焊接钢管作为本引水工程的管材。

钢管及管件外防腐采用环氧煤沥青（二布六油），厚度为不小于 0.6mm，内防腐采用水泥砂浆衬里。

根据输水管道水力计算，结合工程经验，初步选择管径为 2000mm，管道平均经济流速为 1.6m/s。

根据《室外给水设计规范》（GB 5093—2006）要求及当地冻土深度资料，直埋管道最小覆土深度不小于 2m。

规划方案阶段初步估算，北线方案为 133.62 亿元，南线方案为 145.26 亿元，分水方案为 69.52 亿元，详见表 3。

表3   投资估算表

引水方案	线路长度/km	提水级数/级	隧洞长度/km	合计/亿元
北线方案	376.2	6 级	50	132.62
南线方案	323.7	10 级	90	145.26
分水方案	125	10 级	42	69.52

5 方案比选

5.1 各方案分析

各线路方案优缺点对比见表4。

表4　　　　　　　　　　　各线路方案优缺点对比表

线路	优点	缺点
北线方案	地势较平缓，提升泵站级数少 管道沿公路敷设，便于施工及管理	输水距离最长 需建地表水处理设施 隧洞段较长 投资大
南线方案	原水不需处理	输水距离长 地形复杂，泵站级数较多 隧洞段最长 投资最大
分水方案	线路最短，管线敷设及管理方便 原水不需处理 投资相对少	水量受引黄济京制约 提升泵站级数较多

北线方案： 因在黄河河道内取水，原水需经地表处理构筑物处理后方可经泵站提升输水。输水管道镫口扬水站—集宁市段大致走向沿呼包—呼集高速公路敷设，管道沿线高程变化较平缓，利于工程建设及后期运行管理，输水管道集宁市—安固里淖水库段，地形起伏较大，不利于管道敷设，设计初步采取隧洞内穿管输水方式。

南线方案： 工程从万家寨库区输水，原水水质不需处理，但输水管道沿线地形起伏较大，提升泵站级数较多，管道沿线无明显公路，管道沿地形敷设难度较大，不利于工程实施及运行管理。

分水方案： 从桑干河小渡口泵站取水，原水可不经处理，输水管道长度较短，管道沿公路敷设，便于施工及后期运行管理。

5.2 方案优选

分水输水方案投资最省，但受引黄济京工程的制约，在引黄济京工程实施可能性较大的情况下应首推分水输水方案。该方案投资69.52亿元，线路长125km。

比较北线、南线输水方案，从工程造价、工程实施难易程度方面北线均优于南线，因此，本次推荐北线输水方案作为备选方案。该方案投资132.62亿元，线路长376.2km。

6 结语

对引黄济坝线路方案进行了比选，可得到以下结论：

（1）引黄济坝工程是解决坝上水资源短缺的根本措施。

（2）引黄济坝工程难度大，需国家从战略上考虑并给予支持。

（3）在北京市引黄济京工程中适当兼顾考虑坝上地区生态脆弱地区的缺水问题，可降低引黄济坝工程的难度。

（4）引黄济坝工程必要性强、实施难度大，建议相关部门积极开展前期研究工作，为工程实施奠定基础。

参考文献

[1] 河北省水利水电勘测设计研究院. 引黄河水入张家口坝上规划方案分析[R]. 2010.

[2] 河北省水利水电勘测设计研究院. 张家口市近期水利建设规划概要[R]. 2011.

[3] 刘正恩. 河北坝上生态退化现状、原因及对策措施[J]. 生态经济，2010(1)：166–169.

[4] 袁金国，王卫，尤丽民. 河北坝上生态脆弱区的土地退化及生态重建[J]. 干旱区资源与环境，2006,20(2)：139–143.

[5] 常春平，田明，魏志河，于化龙. 河北省张家口坝上生态环境恶化分析[J]. 天津职业大学学报，1999(1).

南水北调西线工程调水区径流特性分析

雷 鸣

（黄河勘测规划设计有限公司，河南 郑州 450003）

摘 要：调水区径流主要来自降水、融雪和地下水。6—10 月径流量占年径流量的 70% 以上。由于下垫面条件及降水等条件影响，调水区各河段自上而下径流模数与径流系数增加，泥曲泥柯以上径流模数为各区最小，壤塘—河西—绰斯甲区间径流模数为各其区间最大。各调水河段径流量年际变化具有一定同步性，各水文站 44~48 年径流系列主要为 3~5 年周期，具有 5 年持续枯水及持续 3 年丰水年段，2002 年为特枯年份，均值已趋向稳定，近十多年来气候回暖，径流尚未有趋势性变化影响。

关键词：南水北调；西线；调水区；径流特性

南水北调西线调水工程是从长江源区的通天河，及其支流雅砻江、大渡河的源区向黄河上游调水的巨型跨流域调水工程。本文以南水北调西线工程调水区中的鲜水河上游达曲、泥曲，大渡河上游支流绰斯甲河上游的色曲、阿柯河，足木足河上游的玛柯河、阿柯河等 6 条河调水坝址以上地区，及其下游鲜水河道孚、大渡河绰斯甲及足木足区间为分析对象。在 1999 年 5 月—2003 年 6 月，相继在各调水河流坝址附近设置达曲东谷、泥曲泥柯、玛柯河壤塘、杜柯河班玛及阿柯河安斗等专用水文站。泥曲朱巴、鲜水河道孚、绰斯甲河绰斯甲及足木足河足木足站建立于 20 世纪 50 年代后期，已积累多年实测资料。另外，利用遥感技术和地理信息系统等手段，对调水地区产汇流条件进行了分析。这些为调水区径流特性分析提供了有利条件。

1 调水区自然地理概况与产流机制

调水区位于青藏高原东部边缘，所在范围为 98° 45′ E ~ 102° 50′ E 和 30° 45′ ~ 33° 50′ 之间，集水面积 49121km²。区域北、东侧以巴颜喀拉山脊为界，与黄河上游为邻。南与川西高山峡谷区相连，西有良哥山、工卡拉山与雅砻江正源区相隔。

调水区总的地势是西北高、东南低。6 条调水河流的调水坝址以上地区，基本上以浅切割高山区为主，海拔一般在 4400m 左右，地势起伏平缓，切割轻微，相对高差一般小于 400m，在河源处常有湖泊和沼泽草甸存在，但没有现代冰川。在调水坝址以下地区，基本为中等切割的高山宽谷区，海拔在 2800 ~ 4500m，相对高差增大，在各支沟地形呈波状起伏，主河谷切割很深，在河两岸多形成一级或多级阶地。

根据中国科学院旱区寒区环境与工程研究所的分析，本区大部分为典型的山坡流域产流，土壤覆盖浅薄，下部为岩石，植被茂密，表土疏松，山坡较陡，地面糙率较大，阻水明显。从次降雨的产流类型看，由于包气带不厚，并且存在不透水层（冬、春季为冻结不透水层），林地和天然草地的稳定下渗率可以达到 100mm/h，在土层蓄满以前，下渗能力更大，降雨强度超过下渗能力的可能性较小，当前期土湿较小时，地面产流以部分面积的壤中流和地下径流为主；当前期土壤湿度较大时，产流主要由饱和坡面径流、壤中流和地下径流成分组成。从流域产流来看，本区降雨强度不大，并且地表以高覆盖的植被为主，土壤的渗透率较大，地表降水强度（特别是植被截流后的净雨强度）难以超过下渗容量，因此，本区以蓄满产流方式为主。

2　径流组成

调水区各调水河流径流的组成特点一致，其组成主要来源于降水，并有季节性融雪补给。一般 11 月至次年 3 月为枯水期，降水稀少，且以降雪形成为主，径流来源主要由地下水补给。4 月、5 月为丰枯水过渡期，径流为融雪及春雨补给，6—10 月为丰水期，该期间降雨为主，是全年径流的主要形成期。

3　径流的地区分布

表 1 为调水地区各水文站及区间多年平均径流模数、年径流系数。由表 1 可见，从鲜水河靠近坝址的朱巴水文站径流模数、径流系数最小，其下游的道孚站径流模数、径流系数有所增加。比较鲜水河、绰斯甲河及足木足河 3 条调水河流，以绰斯甲站以上流域平均径流模数、径流系数最大，鲜水河的数值最小。

表 1　调水地区水文站及区间多年平均年径流模数、年径流系数

河　流	测站与区间	集水面积 /km²	年径流量 /亿 m³	年径流深 /mm	年平均雨量 /mm	径流模数 /[L/(s·km²)]	径流系数
泥曲	朱巴	6860	19.83	289.1	616	9.17	0.469
鲜水河	道孚	14465	44.6	308.3	635	9.78	0.495
	道孚—朱巴	7605	24.77	325.7	642	10.34	0.507
绰斯甲河	绰斯甲	14794	58.5	395.4	663	12.54	0.596
足木足河	足木足	19896	74.2	372.9	674	11.83	0.553

分析泥柯、东谷、壤塘、班玛、安斗等专用水文站及区间 2002—2003 年实测的平均年径流模数，具体见表 2。

表2　　　　　　　　　调水地区各站及区间2002—2003年实测平均年径流模数

河　流	测站与区间	集水面积 /km²	年径流量		径流模数 /[L/(s·km²)]
			数值/亿 m³	丰枯程度/%	
达曲	东谷	3824	9.83		8.15
泥曲	泥柯	4664	9.96		6.77
	朱巴	6860	17.25	-13.0	7.97
	朱巴—泥柯	2196	7.29		10.53
鲜水河	道孚	14465	40.31	-9.62	8.84
	道孚—东谷—泥柯	5977	20.52		10.89
	道孚—朱巴	7605	23.06	-7.0	9.62
杜柯河	壤塘	4910	12.46		8.05
	（河西）	1707	（4.33）		8.05
绰斯甲河	绰斯甲	14794	48.4	-17.3	10.37
	绰斯甲—壤塘—河西	8177	31.61		12.26
玛柯河	班玛	4337	9.52		6.96
克曲	安斗	1764	（5.71）		10.26
足木足河	足木足	19896	57.2	-22.9	9.12
	足木足—安斗—班玛	13795	41.97		9.65

由表2可见，虽然这两年各调水河流的径流量均偏少，且各调水河流偏枯程度不相同，但已可清楚地反映出各区间平均径流模数的地区变化特点。

（1）进一步澄清3条调水河流调水坝址以上区间径流模数小于相应下游区间平均径流模数。例如，达曲东谷站这两年径流模数为8.15L/(s·km²)，小于同期道孚—朱巴区间的平均径流模数9.62L/(s·km²)，如参照朱巴站这两年平均径流偏枯13.0%情况，则东谷站多年平均年径流模数应为9.37L/(s·km²)，而道孚—朱巴的多年平均径流模数达10.34L/(s·km²)，仍符合向下游沿程径流模数加大的规律。壤塘、班玛、安斗专用水文站两年平均年径流模数同样小于绰斯甲、足木足同期径流模数，如将两年径流模数参照下游站偏枯程度，并考虑河源处偏枯程度大于坝址以下区间，折算出相应多年平均的年径流模数，则仍然能清楚地反映绰斯甲河与足木足河各调水坝址以上区间多年平均年径流模数小于坝址以下区间的相应值。

（2）泥柯以上这两年平均年径流模数仅有6.77L/(s·km²)，小于同期班玛站径流模数，且为所有比较区间径流模数的最小值，如按各调水河段两年径流偏枯程度分布推算各自多年平均年径流模数，仍可以反映出泥柯以上区间多年平均年径流模数为各区间的最小值。

（3）道孚—壤塘—河西区间两年平均年径流模数为12.26L/(s·km²)，为各调水河流调水坝址以下区间同期径流模数的最大值，如参照这两年各调水坝址以下区间径流偏枯程度折算出多年平均年径流模数，该区间值可达14.82L/(s·km²)，仍可保持为调水坝址以下区间的最大值。

4 径流的年内分配

调水地区径流的年内分配受降水、气温和产汇流条件等多种因素的影响，但主要受降水年内分配的集中特性所制约，故径流的年内分配与降水分配基本一致。鲜水河、绰斯甲河及足木足河 3 条调水河流汛期 6—10 月是全年降水集中发生时期，该期降水量占年降水量的 77.5% ~ 80.3%，而同期径流量占年径流量比例也达到 72.6% ~ 75.2%。枯水期 11 月至次年 3 月降水最少，该期降水量占年降水量的比例不足 6%，而径流量占年径流量的 10.1% ~ 12.1%。该期间径流占年径流比例高于同期降水比例，则是因下垫面调蓄影响的结果。4—5 月的过渡期降水量集中程度达 15% ~ 17.3%，而径流集中程度为 10.1% ~ 12.1%。

对比调水坝址专用水文站 1999—2003 年径流资料的径流年内分配情况，其径流的年内分布与相应下游的控制水文站同期径流年内分配情况基本一致。

5 径流的年际变化

首先，由调水地区控制站朱巴、道孚、绰斯甲、足木足 4 站最大与最小年径流量比值及年径流量的 C_v 值，反映了各调水区径流量的年际的变化特点，见表 3。由表 3 可见，将道孚、绰斯甲、足木足 3 站相比，鲜水河道孚站年径流量的变差系数最大，而绰斯甲河及足木足河径流的变差系数较小，但其中足木足站实测最大与最小年径流量的比值为各站最大。另外，同为鲜水河的道孚站与朱巴站比较，具有随集水面积减小，年径流量 C_v 值增大的特点。

表 3   各水文站及区间年径流量特征值比较

测站与区间	多年平均年径流量/亿 m^3	最大年径流量/亿 m^3	最小年径流量/亿 m^3	比值	变差系数	资料年限
朱巴	19.8	29.4	10.53	2.79	0.22	1960—2003 年
道-朱	24.8	36.8	14.9	2.47	0.22	1960—2003 年
道孚	44.6	66.2	27.5	2.41	0.21	1956—2003 年
绰斯甲	58.5	78.8	32.9	2.40	0.18	1960—2003 年
足木足	74.2	101	34.9	2.89	0.18	1959—2003 年

经对朱巴、道孚、绰斯甲、足木足站年径流量系列丰枯变化进行分析，主要有以下几点认识：

（1）各站年径流量系列有一定丰、枯周期变化规律。朱巴、道孚的主周期为 10 年周期，次周期为 2 年周期，而绰斯甲与足木足主周期为 5 年，次周期为 2 年。

（2）通过各站之间年径流量的线性相关系数看，各站之间的相关系数均大于 0.58，超过显著水平 α = 0.01 的界限值，表明各站之间年径流量变化具有一定的同步性。其中，以同为鲜水河的朱巴与道孚 2 站相关系数最高，为 0.94，足木足与朱巴之间的相关系数最小，为 0.65，而绰斯甲与道孚或朱巴的相关系数均达到 0.88。这可以清楚说明，鲜水河与绰斯甲河年径流量的同步性要比与足木足河的同步性更好。

（3）各站年径流量系列均存在持续 2 年、3 年枯水年段或更长持续枯水年段。如鲜水河道孚站、绰斯甲河绰斯甲站 1967—1973 年持续偏枯，其中 5 年偏枯程度达 10%~40%，足木足站偏枯段为 1969—1973 年，其中 4 年偏枯程度 10%~20%。同时各站年径流量系列也具有持续 2 年、3 年持续偏丰年段或更长的持续偏丰年段。如 1979—1982 年持续 4 年偏丰段，其中道孚、绰斯甲站有 3 年偏丰程度为 10%~20%，足木足站则是 1979—1983 年持续偏丰 5 年，偏丰程度均超过 10% 以上。

（4）各站年径流量年际变化虽具有较好的同步性，但各站偏丰、偏枯年段中，每年偏丰、偏枯程度，以及起止年份也不完全相同。这里，更需要说明的一点，就是朱巴与道孚站虽系鲜水河的上下游站（面积占 47.4%），年径流量的相关系数高，然而这两站多年同步系列中，年径流量丰、枯程度差别在 10% 以上的有 6 年，只有不足 33% 的年份丰枯程度差别小于 5%，而且上下站偏丰、偏枯程度的组成情况可出现多种组合。因此，可估计绰斯甲河、足木足河的调水坝址与相应下游绰斯甲、足木足站因集水面积差距增大，上、下站点年径流量系列丰、枯变化程度的差异性可能要更大些。

（5）经分析，色达气象站 1991—2000 年年平均气温比 1961—1990 年 30 年平均气温高出 0.5℃，南水北调西线工程的整个调水地区气候回暖明显，但同期整个调水地区降水量尚无明显的趋势性增加或减少。从 3 条调水河流主要参证站径流量之和的系列看，现有的 1960—2003 年径流量系列存在一些周期性的变化，近年来年径流量变化主要特点是，1994—1997 年出现连续 4 年偏枯段，2002 年出现 40 多年实测系列中最枯水年。但从总体变化看，尚无明显的趋势性减少，见图 1。

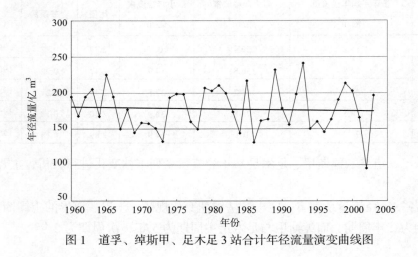

图 1　道孚、绰斯甲、足木足 3 站合计年径流量演变曲线图

参 考 文 献

[1] 中科院旱区寒区环境与工程研究所.南水北调西线第一期工程各调水河段产汇流特性与变化规律研究[R].2004.

无锡市城区调水引流效益分析与优化建议

薛路阳

（无锡市河道堤闸管理处）

摘　要：无锡市利用水利工程的优化调度，开展城区河道调水换水，引清释污，缓解和消除城区河道黑臭现象，改善城区河道水环境。本文通过对调水运行情况和效果的综合分析，对调水效益进行了评价，并提出了调水方案的优化建议。

关键词：河道调水；效益分析；优化方案

1　无锡市城区调水引流的背景

1.1　城区水环境概况

无锡地处江南水乡，北临长江，南依太湖，境内河网密布，水系发达。无锡城区的排水向北入江距离较长，向太湖排水又受到水源地保护的限制，城区水系整体流动性不强。进入 21 世纪以来，由于受城市快速扩张和工业生产的影响，城区河道水质状况普遍变差，大部分河道水质常年劣 V 类，不仅影响到人民生活和身体健康，也严重影响到城市形象和社会经济的可持续发展。因此，通过多措施控制削减水污染，有效改善河网水质已刻不容缓。

1.2　开展调水引流的目标

在水系先天条件不足的情况下，利用水利工程的优化调度，开展动力调水，引清释污，排出河道内污染物质，缓解和消除城区河道黑臭现象，成为改善城区河道水环境的有效方法和途径。

根据江苏省环境保护委员会《关于开展城市黑臭河流专项整治工作的通知》（苏环委办〔2009〕8 号），黑臭河道的标准是：黑臭河道采用感官和水质监测指标相结合的方法，具体监测指标与极限值为溶解氧≤2.0mg/L、高锰酸盐指数≥15 mg/L、氨氮≥8mg/L 和总磷≥0.8mg/L，任一项超标均可视为黑臭河道。因此，调水引流的目标，以消除黑臭为控制标准，即要求调水河道水质溶解氧>2.0mg/L、高锰酸盐指数<15 mg/L、氨氮<8mg/L 和总磷<0.8mg/L。

1.3 城区河道调水工程的运行条件

无锡城区地势低洼，一般地面高程在 3 ~ 5m（吴淞高程，下同），最低地区仅 1.9m。为解决区域防洪保安问题，自 20 世纪 70 年代以来，无锡市已建成 16 个重点圩区、40 个排水片区、81 座泵站、36 座节制闸套闸及 116km 防洪驳岸、圩岸、挡水墙等工程，防洪能力有了较大提高。

随着 2009 年以城市防洪八大枢纽、32km 外围堤防、18 座大包围口门建筑物为主体的城市防洪大包围工程建设基本完成，排涝总流量达 415m³/s，大包围保护面积 136km，使原本属于外河的一些圩外河道能转控为内河，为调水换水改善城区水环境创造了更为有利的工程条件。

2 无锡城区调水引流的运行情况

2.1 圩区河道调水

无锡城市圩区调水自 1983 年起在北塘联圩试行，2003 年起在城区所有圩区推广。利用圩区水利工程设施，从水质相对较好的锡澄运河、京杭运河调水至城区。主要实施范围为北塘联圩、盛岸圩、耕渎圩、羊腰湾片区（包括塔影圩、东风圩、兴隆圩）、山北南北圩等七个圩区，参与调水的泵（闸）站达 68 座，调水流量 87 m³/s。圩区调水运行采取常年不间断调水，每个调水泵站每天开机时间不小于 2h。在调水过程中，根据各圩区内河道情况的不同，逐步摸索出在调水开始时增大流量、长时间，河道内水基本变清后采用小流量、长时间调水的方法，取得了显著效果。2010 年以来，城市圩区每年调水总量均超过 2 亿 m³。

2.2 利用城市防洪大包围进行调水换水

2009 年起，随着无锡城区防洪大包围的建立，使原本属于外河的一些圩外河道能转控为内河，为调水换水改善城区水环境创造了更为有利的工程条件。无锡市水利部门制定了《利用城市防洪工程改善城区水环境方案》，利用"南进北出"、"东进西出"、"东西互补"等不同的调水线路，利用沿江闸站、泵站引长江水入锡澄地区水网，改善锡北地区河道水质，并抬高锡北地区水位，然后开启严埭港、寺头港口门建筑物通过锡北运河或抽引或自引长江水入城区。根据区域内河道水质情况和需要，分别或同时开启大包围上江尖、仙蠡桥、利民桥、伯渎港、九里河、北兴塘泵站抽排出水。再适时调控大包围上其他口门建筑物出水，将大包围内各主要河道水体轮流换清，2009 年以来，城市防洪大包围调水累计超过 15 亿 m³，年均调水约 2.7 亿 m³。

城区主要河道的水体调活、水质改善后，又为太湖新城、蠡湖新城、崇安新城等新城区的调水提供了优质水源，进一步拉活了整个城市的水脉。同时，水利工程的合理调度，平衡调节了调水换水、防汛排涝之间的要求，不仅满足了城市防洪排涝的需要，又进一步改善了城市水环境。

2.3 调水主要河道水质分析

通过调水一方面可以从水质相对较好的水源引入相对较好的水，稀释水体，降低污染物浓度，提高河道水体的环境容量，增加水体降解能力；另一方面可以较大幅度地增加调水河流的流量，加大水流流速，进而提高水系的复氧能力，增加河流的溶解氧浓度，有效改善了城区主要河道水质。近年来，参与调水受益河道水体感官指标（色、味）基本正常，主要监测指标均满足控制标准要求，基本消除了水体黑、臭现象。以城区主要河道古运河（含环城河）的水质监测资料为例，水体感官指标常年基本正常，主要水质指标分析如下：

（1）溶解氧。溶解氧 2008 年以前年均值均低于 1.0mg/L；2009 年起逐步上升，年均能保持 2.0mg/L 以上，2010—2013 年年均都能达 4.2mg/L 以上，较调水前的 2008 年提高了 6.2 倍。

（2）高锰酸盐。高锰酸盐指数 2008 年以前，年均值均高于 10.0mg/L，2009 年下降到 7.0 mg/L，2013 年则降到 5.7mg/L，较调水前的 2008 年下降了 48.2%。

（3）氨氮。氨氮指数 2004—2006 年，年均 7.0mg/L；2007 年、2008 年降至 6.9mg/L、6.5mg/L，2009 年以来，均低于 6.0mg/L，2013 年则降到 3.4mg/L，较 2008 年下降了 49%。

（4）总磷。总磷指数 2007—2008 年平均为 0.473mg/L；2012 年、2013 年降至 0.406mg/L、0.285mg/L，下降了 20%。

表 1　　　　　　　　　　　　古运河水质监测情况对比表

监测项目	监测点（古运河）	调水前年均值/（mg/L）		调水后近三年年均值/（mg/L）		
		2007	2008	2011	2012	2013
溶解氧	亭子桥	0.8	0.9	5.1	5.4	5.8
	文化宫桥	0.7	0.7	4.3	4.5	5.5
高锰酸盐	亭子桥	12.2	11.3	5.8	5.3	5.7
	文化宫桥	10.8	11.2	5.7	6.2	5.8
氨氮	亭子桥	6.9	6.5	4.3	3.8	3.4
	文化宫桥	6.7	6.5	4.0	4.6	3.3
总磷	亭子桥	0.471	0.475	0.341	0.406	0.285
	文化宫桥	0.481	0.466	0.319	0.434	0.262

结论：自开展调水以来，以古运河（含环城河）为代表的城区主要河道水质持续改善，水体感官指标（色、味）基本正常，主要监测指标溶解氧>2.0mg/L、高锰酸盐指数<15 mg/L、氨氮<8mg/L、总磷<0.8mg/L。利用主要河道水体引入圩区小河道，使得城区主要河段基本消除水体黑、臭现象。

3 调水引流效益分析

3.1 调水与防汛间的平衡调度

调水主要应用水利工程进行，因此必须协调好引清调水和防汛的关系。在非主汛期或未有降雨警报时，水利工程的调度以调水为主，引外围清水入城区河道，增大城区河道库容，增强水体流动，提高水体自净能力，改善河道水质；在降雨来临前，则转为防汛为主，关闭大包围或圩区口门，预降库容，迎接降雨到来。以无锡市防洪大包围为例，大包围 7 座排涝泵站排涝能力达到 415m³/s，但日常用于持续性调水的机组能力为 15～45m³/s，利用小部分装机容量，通过科学调度，合理分配了调水与防汛排涝之间的关系。同时，也利用调水，有效的检验和维护了有关泵站、闸门、指挥系统的正常工况，有力保证了每台机组、每个闸门在任何紧急时刻都能立即投入正常运行。

3.2 环境与社会效益

通过大包围格局及调水工程，根据需要随时引入较清之水进行稀释，扩大河网水体容量，提高水体自净能力，获得较好的生态环境效益。通过调水，使得城区河道水位始终保持在一定水位以上，增加了水体水环境容量。调水期间，城区河道流速从 0.1～0.2m/s 逐渐增大到 0.3～0.4m/s，由于受水区水体流动速度加快、水量增加，通过水体的稀释和自净能力提高，水体各类指标明显改善，城区大部分河道水体发黑发臭现象得到有效控制。以往的"臭水河、断头浜"现已成为城区里的一大亮点，也成了市民休闲、娱乐的场所。近年来每年城区调水量超过 2 亿 m³，城区河道水质得到明显改善，城区受益面积超过 100km²，受益人口超过 150 万人，切实改善了人民群众的生活环境。

3.3 综合评价

近年来的调水实践证明，参与调水的河道水体感官指标（色、味）基本正常，主要监测指标均满足控制标准要求，基本消除了水体黑臭现象。城区河道调水实现了以动治静、以清释污，改善水质的基本目标，是水利部门利用水利工程和水的动力特性改善城市水环境的重要举措。但要使城区河道水质整体得到改善，仅靠调水是不够的，污染源治理是根本。只有在污染源得到有效治理的基础上，利用水利工程调水，才能维持长期的效果，增加水体的自净能力和水环境承载能力，实现标本兼治，为经济社会的可持续发展提供良性的水资源基础。

4 调水方案的优化建议

4.1 数学模型的计算

在对近年来水质监测分析的基础上，利用《无锡市城市防洪规划》中的运动大包围调水数学模型进行了水量水质调控分析研究，对运东大包围区域不同的引水水源、引水流量、调度方式作了多个方案的研究比较。其中基于现状调水工况的计算成果表明：利用长江自引引水流量为 9.5～9.7m³/s 时，改善结果虽仍属 V 类或劣于 V 类水，但大部分河段污染物浓度均有不同程度的降低，有效消除黑臭现象。这与 2009 年以来对调水河道水质监测成果基本一致，证明了该数学模型的适用性和合理性。

该数学模型同时提出了其他优化调水路线，计算研究表明：

（1）如果能够抽引 20m³/s 长江水（Ⅱ类），经白屈港通道进入大包围时，大包围区域中主要水域的污染物浓度将有较大降低，水质得到普遍改善，大部分河段由原来的劣于 V 类水提高到Ⅲ类水，小部分提高到Ⅳ类水，个别河段虽仍属 V 类水，但浓度值已有很大的降低。如果能够抽引江水的流量达到 40m³/s 时，水质得到更大改善，绝大部分河段提高至Ⅲ类水，个别河段提高到Ⅳ类水。

（2）当抽引 15～30m³/s 太湖水(梅梁湖水质Ⅲ～Ⅳ类)经梁溪河进入大包围区改善水质时，计算结果为：大包围内大部分水域水质将由原来的劣于 V 类水，提高到Ⅳ类及Ⅲ类水，但小部分河段水质仍属 V 类或劣于 V 类水。抽引太湖水，也使梅梁湖水体有望搞活。

4.2 调水线路的优化建议

基于上述模型计算成果，可以在下一步调水工作中进行实验性研究，优化相关调水路线，以更好地改善城区河道水质。

（1）结合梅梁湖枢纽调水，把太湖水引入城区，太湖水相对水质较好，引入城区后可以大幅度改善主要河道水质，也可为圩区调水提供好的水源，另外，通过伯渎港闸、九里河闸等水利工程运行，改善包围圈东片河道水质。

（2）结合引江济太望虞河调水工程，在望虞河引水期间，适当引入部分望虞河河水，既可以改善锡东片河网水质，也能将望虞河较好的水引入包围圈，改善河道水质。

（3）建设白屈港清水通道，对白屈港两岸进行控制，在白屈港与锡北运河交汇处建设倒虹吸立交，直接引长江水入城区，预期对城区水质改善效果将十分明显。

4.3 优化河道综合整治方案，推进相关工程建设

在河道规划、整治中，要坚持把理顺水系放在首位，按照地区水环境要求和防洪排涝标准，进一步完善健全河网水系，维持科学的水面率。对断头浜可以建立小范围的调水系统，为地区水体的自由流动、充分交换和生态修复创造条件，发挥河道水系在地区水环境改善方面的作用。推进城区河道疏浚和水系贯通，以确保调度过程中水流的通畅，防止底泥等污染物的二次污染。

4.4 完善控污截流工程的实施

对条件成熟的地区，改进和完善截污控源方式。坚持以块为主，充分发挥地方政府在拆迁、截污、控污等方面的积极性。第一轮城区河道综合整治工作的成绩表明，地方各级政府对河道两侧拆迁、截污、控污的决心和力度是关系河道综合整治工作全局的关键，在工作中，以块为主、属地管理的方式已经得到了实践的检验，取得了较好的效果。加强河道综合整治，要积极落实各种奖惩措施，强化各级政府的组织领导，制定工作目标，明确工作责任，充分发挥地方政府在拆迁、截污、控污上的积极性，确保河道综合整治工作的顺利推进。

4.5 建立城区河道突发污染应对机制

建立城区河道突发污染应对机制。进一步优化市级和各区级政府间河道突发污染事件应对预案，建立联络和快速反应机制，从应急处置和应急调度两方面加强应对突发事件的能力建设，保障城区河道水安全。

参考文献

[1] 无锡市水利局.无锡市城市防洪规划[R].2001

[2] 无锡市水利局.利用城市防洪工程调水方案[R].2007

关于南水北调东线梯级泵站调度运行管理的探讨

杨承明

(南水北调东线山东干线有限责任公司)

摘　要：本文着重分析了南水北调东线工程梯级泵站输水运行的主要特点，对下一步全线梯级泵站输水运行的调度原则、管理方式及任务进行了探讨，并针对性地提出了一些应开展的前期运行管理工作。

关键词：南水北调；运行管理；泵站；技术

南水北调东线工程输水运行的基本任务是从长江下游调水，向黄淮海平原东部及青岛补充水源。主要目标是解决沿线和山东半岛的城市及工业用水，改善淮北部分地区的农业供水条件，并在北方需要时提供农业和部分生态环境用水。

梯级泵站是南水北调东线输水工程的重要组成部分，其输水线路长，流量大，供水点多，形成了跨地区、跨流域的大型输水系统。大型梯级泵站输水工程的优越性是显而易见的，可以有效地实现城市及流域的水资源配置。但是，在输水运行过程中，庞大的输水系统一旦发生事故，如不能迅速、正确地消除，会造成很严重的后果。因此，客观上要求输水工程必须进行严格管理，整个工程的输水运行过程必须实行统一化、规范化、制度化的管理。

1　梯级泵站输水运行的主要特征

南水北调工程是当今世界上最宏大的跨流域跨区域调水工程，工程具有一般超大型水利工程的普遍性，更有其工程自身和运营管理的特征，这些特殊性，决定了南水北调工程调度运行管理自身的特点和要求。

1.1　输水运行的同时性

在整个工程输水运行过程中，各泵站、河道、湖泊、水库及用水部门等同时工作，特别是有些区段基本没有调节储存水量的余地，必须是来多少水出多少水，即实行等流量输水运行。调度指挥人员必须协调各泵站、河道、水库、用水、航运等部门，达到输水流量统一平衡。

1.2　输水运行的关联性

输水运行涉及其他行业管理部门较多，输水过程需要沿线各供电部门、河道管理部门、水库湖泊部门、地方用水、上游输水部门以及地方水行政部门等配合、协调一致，才能保证整个输水系统正常、顺利地运行。

1.3 输水运行的连续性

泵站所辖机电设备、水工设施需要实时地监视和控制，输水运行的水质、水量需要连续的监视与调整，因此，输水系统的运行值班工作，需要按班、按值轮转。

1.4 高度的自动化监控功能

计算机监控系统是输水系统实现安全、经济运行的一项重要技术措施。在输水运行过程中，它能够收集各种运行信息，进行安全监视，随时正确地判断输水运行状况，自动执行各类供水工作计划等；在事故情况下，可以通过自动装置能及时掌握运行情况，迅速进行处理，防止扩大事故，减少停运损失。

1.5 具有高素质的职工队伍

南水北调输水调度运行工作任务重、责任大，需要一支政治素质过硬、业务水平高、责任心强的管理队伍，特别是调度运行人员，不仅要有广阔的知识，而且必须具有优秀的组织和应变能力，善于处理和应对突发事件能力，只有这样才能确保输水工程安全、可靠、稳定运行。

南水北调工程的特点及其运营要求，决定了南水北调工程调度运行管理不能照搬一般的大型水利工程项目的模式，不能违背调水工程运营管理的自然规律、社会规律，而要紧密结合工程本身特点，充分考虑工程的运营环境条件，转变观念，开拓创新，探索出一套符合南水北调实际、实现科学管理、高效规范的调度运行管理模式。

2 梯级泵站的调度运行管理原则及任务

2.1 统一调度，分级管理是输水调度运行基本原则

南水北调梯级泵站工程是一个庞大的输送、分配水量的整体，其中每一个环节都必须是随着输送水量的变化而协调一致地运行，全线输水运行实行统一调度、分级管理的原则。

所谓统一调度，在组织形式上表现为下级（包括下级调度、泵站值班人员、输水运行人员等）必须服从上级调度的指挥，其内容一般包括：统一组织全系统调度计划的编制并组织实施；统一指挥全系统的运行操作和事故处理；统一协调和安排全系统主要水工设施、机电设备、调度自动化系统和调度通信系统的运行方式；统一协调各级水库、湖泊的合理运用等。

所谓分级管理是指根据输水系统各个区域的特点，规定在具体实施输水调度管理中各分级调度的责任和权力，以便于全系统有效地实施统一调度指挥。

按照南水北调工程调度运行管理的基本原则，设置南水北调输水调度机构作为输水工程运行的一个重要指挥部门，依法在南水北调工程输水运行中行使调度指挥权。

2.2 输水工程调度运行的职责和任务

南水北调工程输水调度是负责工程运行的组织、指挥和协调，领导南水北调工程运行、

操作和事故处理，保证输水全线安全、优质、经济运行。

（1）充分发挥设备能力，最大限度地满足用水户的需要。随着社会的发展和人民生活水平的不断提高，供水部门工作压力日益增大，应充分发挥设备能力，最大限度地满足用户的需要。

（2）保证整个输水系统安全可靠运行和连续供水。南水北调工程供水覆盖面广、涉及用户多，当输水过程中，如果发生自然力的破坏和设备故障，造成输水系统中断供水等事故，将成为影响社会安全的公共事件。所以，必须保证输水系统安全、可靠运行，实现连续不断地输水运行。

（3）保证输水质量。南水北调工程输水运行的前提条件之一是输水水质必须达到国家规定的地表水环境质量Ⅲ类水质标准，输水水质是否达标是工程成败的关键，必须确保水质的绝对安全。

（4）经济合理良性运行。经济合理地输水运行是指使南水北调东线在最大经济效益的方式下运行，以降低水量输送过程中的损耗，使供水成本最低，输水效益最大。

南水北调输水调度不仅是工程全线输水生产的运行单位，还是全线输水管理的职能部门，其既负责领导全线所有机电设备和水工设施的运行、操作和事故处理，又代表南水北调总部行使调度权、监督权。

3 梯级泵站调度运行的管理

调度管理是对全线所有泵站调度、生产、运行及其人员活动所进行的管理，一般包括调度运行、调度计划、全线自动化、调度通信、调度人员培训等管理。

3.1 调度管理的基本准则

（1）统一调度，分级负责。山东南水北调工程调度运行实行统一调度、分级负责的运行管理制度。调度运行期间，各部门单位必须从全局出发，服从统一指挥，确保系统安全运行，同时按照分级负责、下级服从上级的原则实施运行管理、水情测报、工情监测、应急抢险等工作。

（2）安全第一，预防为主。各部门在调度运行的各个环节，要树立安全第一的思想，调度运行管理应紧紧围绕安全开展工作。同时要增强忧患意识，坚持预防为主、预防与应急相结合，常态与非常态相结合，认真做好各项应急调度预案。

（3）科学调度，优质服务。不断积累调度经验，通过研究新技术、新方法，不断优化调度方案，实施科学合理的调度运行，最大限度地满足供水用户的需求和发挥综合效益。

（4）经济运行，稳定持续。依据供水需求变化、提水成本、电价政策、水资源费，结合系统的实际情况，最大限度降低运行成本，保障工程运行稳定可靠，促进山东南水北调事业的持续发展。

3.2 调度的责任和权力

输水调度机构具有一定的行政管理权、输水供水生产指挥权、监督权和控制权、用户水量考核权等。

（1）指令权。指令权是指调度机构要求相关人完成特定行为或不特定行为的一种权力，是调度人员有效地组织、指挥生产运行操作的基础。

（2）调度计划的制订权。按照南水北调总的供水计划，调度机构制定具体的调度计划，并使其具体落实到月、日等调度运行工作中。

（3）紧急情况处理权。为保证输水系统安全，在发生危及人身及设备安全和输水工程事故的紧急情况时，调度值班人员可以按照有关规定处理。

（4）协调权。协调权指输水过程中，协调各地区、各部门之间因水量而引起的经济关系的一种权力。

（5）监督权。监督权是指上级调度机构监督下级调度机构的调度管理工作，调度机构监督用水地区和用水单位的用水情况等。

3.3　输水调度运行管理的主要工作内容

输水调度是工程全线运行的重要管理部门，不仅承担着实时地监视、控制所辖工程设备、设施运行任务，还承担着全线调度运行的计划、组织、检查和考核等工作。

（1）编制年、季、月的输水调度计划及调度图表。

（2）根据调度计划，指挥全系统的正常运行，实现全系统的经济运行。

（3）对输水系统的故障、事故进行监视和应急调度，尽量减少损失、尽早恢复运行。

（4）负责全线各种设备、设施的安全、监控工作，防止各类破坏事故的发生。

（5）根据水行政主管部门的用水计划分配指标，结合输水系统运行要求，下达并监督下级调度部门执行。

3.4　调度工作方式

在输水运行过程中，应充分运用先进的自动化技术，依靠科学调度手段，确保输水全安全稳定运行。调度工作方式主要包括以下三方面内容：

（1）正常调度。一般情况下，按事先制定的方案、计划，按正常控制程序和工作制度，进行标准化作业，运用已编制的工作软件进行全线自动化调度控制，使输水系统的整个运行情况处于调度控制中心的严密监视之下。正常调度包括全线输水启动、停止、正常运行调度等。

（2）意外情况的调度。针对不同事故、故障情况，采取不同应急调度措施，包括自动控制系统应急控制，调度控制中心值班员紧急操作，事故情况通报等。

（3）经济运行调度。优化调度运行，降低输水运行成本，提高设备使用效率和寿命，保证整个引水工程的高效经济运行。

4　结论

在充分认识南水北调工程运行管理特点的基础上，提出南水北调工程调度运行管理的基本原则和任务，明确工程调度运行管理的工作内容和方式，采取切实有效的管理模式和工作举措，促进南水北调工程调度运行工作安全、有序、高效地发展。

（1）调度组织管理实行直线制组织结构。南水北调全线调度设置三级调度机构：一级管理机构设调度中心，是南水北调东线调度运行的最高指挥执行机构，负责全线统一调度、指挥。二级管理机构设调度分中心，负责辖区调度运行工作，服从省调度中心的统一调度，并监督、落实辖区内三级机构调度指令执行。三级运行管理机构为闸、泵站等现地运行单位，负责辖区具体调度运行、应急抢险等工作，服从调度中心和调度分中心的统一调度。

（2）开展各项基础性工作是做好调度管理工作的根本。逐步开展一些全局性、系统性较强的生产管理工作，如：收集和整理设备技术资料、编制设备运行资料和图册；对所辖所有泵站、阀室及相关水工设施进行统一编号命名，为全线统一调度运行工作提供技术支持。

（3）建章立制、职责明确。开展南水北调《调度管理制度》、《调度规程》、《调度操作制度》等规程、规范的编制工作，并在实际调度运行中加以实施，这样就可以不断发现新问题，随时修改完善调度运行规则，在摸索中不断取得进步，形成一套符合南水北调实际情况、行之有效的调度管理方法。

（4）建立工作协调的长效机制。针对南水北调东线干线工程与地方水利设施交会、穿叉多，协调配合难度大，应提前研究建立与相关地方部门协作的长效机制，签订长期工作协议，明确工作责任和义务。

（5）调度人员业务培训工作。适时地选拔调度人员（特别是从现场运行人员中选拔），并组织开展调度岗前培训和岗位培训，通过理论学习、职业素质培养、专业技术练兵、业务能力培训等，使调度人员分阶段、有计划地达到工作岗位要求。

南水北调中线工程唐河倒虹吸进口渐变段设计优化

陈新桥

（天津市水利水电勘测设计院）

摘　要： 本文以唐河倒虹吸工程为例，通过调整底板宽度和墙背倾角对进口渐变段 313+175 断面在原设计方案基础上提出了两套优化方案，并进行了建成无水情况下的稳定复核。结果表明，优化方案 2 将底板宽度增加 1.5m 并调整墙背型式后，不但工程量减小，地基应力状态明显改善，而且使墙体重心控制在基底三分点之内，保证了回填前施工期的稳定，是一个比较理想的方案，为类似工程设计提供了参考实例。

关键词： 倒虹吸；渐变段；设计优化

1　工程概况

唐河倒虹吸是南水北调中线工程上的一座大型交叉建筑物，设计流量为 135m³/s。倒虹吸主体工程总长 1155m，由进出口渐变段、进出口检修闸、管身等部分组成。进口渐变段为钢筋混凝土结构，从桩号 313+145 ~ 313+190，长 45m，分为三个区段，每个区段 15m。渐变段迎水坡为直线扭曲面，边坡 1:2.5 ~ 1:0。上游第一区段为护坡型式，第三区段以重力式挡土墙为主，第二区段为过渡段以贴坡式挡土墙为主。

从受力和安全角度考虑，设计的重点应放在第三区段，因为前两个区段的土压力很小，其边坡基本上已处于稳定状态。第三区段最末一个断面即 313+190 与闸室相邻断面的高度为 10.233m，迎水坡为铅直，背水坡仰角+35.15°（顺时针），高宽比 1:0.88，属典型的重力式挡土墙，其稳定计算对于专业技术人员来说，难度不大，在此不作讨论。本文研究重点主要放在第三区段上游即 313+175 断面，该断面为带有小倾角墙背的贴坡式挡土墙，这种挡土墙由于墙背土压力影响因素的复杂性和不确定性，其断面型式及其尺寸的拟定，至今仍停留在工程经验的基础上。

2　原设计方案

唐河倒虹吸进口渐变段 313+175 断面原设计方案为墙背俯角 $\varepsilon_1 = -12.471°$ 的贴坡式挡土墙（见图 1），墙顶高程 72.998m，基底高程 62.765m，墙高 10.233m，迎水面坡度 1:0.759，墙身高宽比 1:0.73，墙身断面面积 38.1m²。地基土层上部为黄土状壤土，属黏性土类，湿容重γ=17.8kN/m²，内摩擦角φ_c=18°，黏滞力c=11kN/m²，地基承载力建议值$[\sigma]$=240 kN/m²。

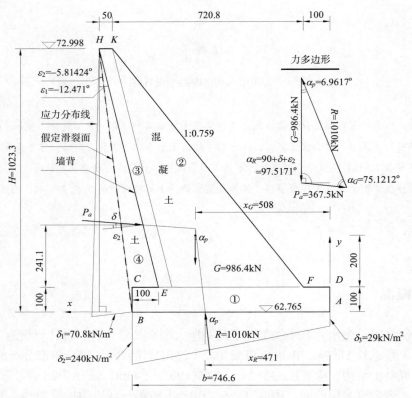

图 1　原设计方案（断面高宽比 1:0.73）（单位：高程为 m，其余为 cm）

2.1　墙体稳定验算

考虑到原设计挡土墙底板深入土体 1.0m，按照通常做法连接墙顶 H 点和基底 B 点做为假定滑裂面，其俯角为ε_2=-5.81424°，并将滑裂面与墙背之间的土体计入墙体。验算工况为建成无水情况。墙体的总重量按分块法计算为 G=986.4kN，重心坐标 x_G=5.08m，y_G=3.0m。滑裂面上的总土压力按照圆弧滑裂面公式计算 P_a=367.5kN，外摩擦角 δ=13.3313°，作用点至基底距离为 $H/3$。

根据静力学原理，挡土墙在平衡状态下所受到的重力 G、土压力 P_a 和地基反力 R 在平面上将交于一点，并形成一个封闭的力三角形。其中重力 G 和土压力 P_a 为已知数，它们之间的夹角 α_R=90°+ε_2+δ=97.5175°，相应求得 R=1010.0kN；α_G=75.1212° 和 α_P=6.9617°，利用各力对基底 A 点的力矩平衡方程求出 R 的横坐标 x_R=4.71m。

最后计算出滑裂面最大正应力 σ_1==70.84kN/m²；地基反力 σ_2=239.7kN/m²，σ_3=28.9 kN/m²；基底摩擦系数 f=0.12。

2.2 存在问题及改进措施

由上述验算结果可以看出，原设计方案底板后踵处的地基反力最大值虽在承载力允许范围之内，但最大、最小应力比已达到8.3，远超过规范规定的2.0。最大、最小应力比过大会导致地基不均匀沉陷，在特殊情况下基底前趾有可能出现拉应力。

为保证墙体的稳定，通过调整底板宽度有两种改进措施：一种是适当缩窄底板；另一种是适当加宽底板。

4 优化方案1

该方案拟将挡土墙底板宽度由7.466m缩减为6.47m（见图2）。底板宽度调整后墙身断面面积为31.73m^2，墙背俯斜角度$\varepsilon_1 = -15.704°$，假定滑裂面俯角$\varepsilon_2 = -12.79°$，墙身高宽比 1:0.632。按照分块法计算墙体的总重量为$G = 797.2$kN，重心横坐标$x_G = 4.69$m。滑裂面上的总土压力按照圆弧滑裂面公式计算为$P_a = 323.3$kN，外摩擦角$\delta = 14.6°$。

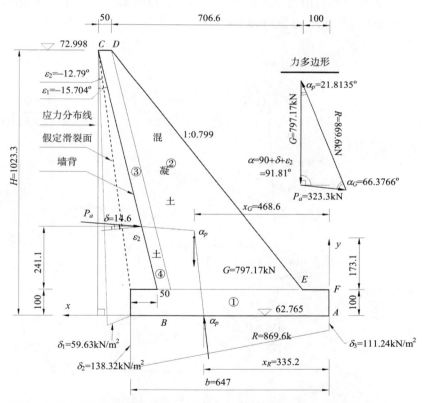

图2 优化方案1（断面高宽比1:0.632）（单位：高程为m，其余为cm）

在重力G、土压力P_a和地基反力R形成的力三角形中，重力G和土压力P_a为已知数，它们之间的夹角$\alpha_R = 90° + \varepsilon_2 + \delta = 91.81°$，相应求得$R = 869.6$kN，$\alpha_G = 66.3766°$ 和

$\alpha_P = 21.8135°$，利用各力对基底 A 点的力矩平衡方程求出 R 的横坐标 $x_R = 3.35\text{m}$。最后计算出滑裂面上最大正应力 $\sigma_1 = 59.63\text{kN/m}^2$；地基反力 $\sigma_2 = 138.3\text{kN/m}^2$，$\sigma_3 = 111.24\text{ kN/m}^2$；基底摩擦系数 $f = 0.4$。

从上述计算数值看，地基最大、最小应力都在承载力允许范围之内。两者比值为 1.24，基底摩擦系数不大于 0.4，也都满足规范要求。但值得注意的是，渐变段施工时重力式挡墙段一般先做墙后填土，贴坡式挡土墙段则是先填土后做墙。因此要求重力式挡墙每一个断面，在填土前应保证自身处于稳定状态，使基底不出现拉应力。

经复核，优化方案 1 断面在填土前其重心横坐标 $x_G = 4.69\text{m}$，已超出基底三分点之外，前趾处必然会出现拉应力。

4 优化方案 2

该方案拟将挡土墙底板宽度由 7.466m 加宽为 9m，与 313+190 断面相同（见图 3）。为减少挡土墙工程量将墙背由直线形改为折线形，折点距基底的高度约为 $H/3$，折线上段俯角为 $\varepsilon_1 = -19.065°$；下段同 313+190 断面。

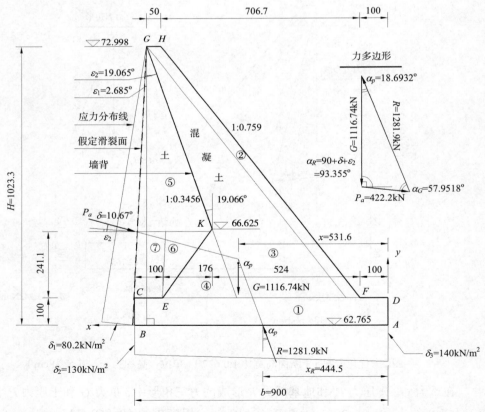

图 3　优化方案 2（断面高宽比 1:0.88）（单位：高程为 m，其余为 cm）

墙体断面调整后其面积减少为 35.1m^2，假定滑裂面仰斜角度 $\varepsilon_2 = +2.685°$ ，墙身高宽比 1:0.88。按照分块法计算墙体的总重量为 $G = 1116.74$kN，重心横坐标 $x_G = 5.32$m。滑裂面上的总土压力按照圆弧滑裂面公式计算为 $P_a = 422.2$kN，外摩擦角 $\delta = 10.67°$ 。

在重力 G、土压力 P_a 和地基反力 R 形成的力三角形中，重力 G 和土压力 P_a 为已知数，它们之间的夹角 $\alpha_R = 90° + \varepsilon_2 + \delta = 103.355°$ ，相应求得 $R = 1281.9$kN，$\alpha_G = 57.952°$ 和 $\alpha_P = 18.693°$ ，利用各力对基底 A 点的力矩平衡方程求出 R 的横坐标 $x_R = 4.22$m。最后计算出滑裂面最大正应力 $\sigma_1 = = 80.2$kN/m^2；地基反力 $\sigma_2 = 130$kN/m^2，$\sigma_3 = 140$kN/m^2；基底摩擦系数 $f = 0.34$。

从上述数值看，地基最大、最小应力都在承载力允许范围之内。两者比值为 1.08，基底摩擦系数不大于 0.4，也都满足规范要求。经复核，填土前墙体重心的横坐标 $x_G = 4.64$m，未越出基底三分点之外，基底处不会出现拉应力，满足墙体稳定的基本条件。

5 结语

（1）计算表明，唐河倒虹吸进口渐变段 313+175 断面原设计方案在建成无水情况下的地基最大应力、最小应力比远超过规范规定。为保证墙体的稳定，有必要采取适当的改进措施。

（2）优化方案 1 将底板宽度缩窄 1.0m 后，地基应力状态有明显改善，但墙体自身重心已越出基底三分点之外，前趾处将出现较大拉应力，不能满足回填前施工期的稳定。

（3）优化方案 2 将底板宽度增加 1.5m 并调整墙背型式后，不但工程量有所减少，地基应力状态得到明显改善，而且墙体自身重心已控制在基底三分点之内，保证了施工期的稳定，因此是一个比较合理而又理想的方案。

参考文献

[1] 杨进良. 土力学[M]. 天津：天津大学出版社，1986.

[2] 管枫年，等. 水工挡土墙设计[M]. 北京：中国水利水电出版社，1996.

[3] 尉希成. 支挡结构设计手册[M]. 北京：中国建筑工业出版社，1995.

浅析引调水工程等别确定

孙月　牛万军

（水利部南水北调规划设计管理局）

摘　要：调水工程等别是《调水工程设计导则》中的重要内容，本文按照水利工程等别和新定指标有关标准，将23项已建调水工程等别进行对比分析，并参照现行有关标准，对调水工程的等别标准进行了论证，确定为4类分别是Ⅰ、Ⅱ、Ⅲ、Ⅳ，均由工程规模、供水对象、引水流量、年引水量以及灌溉面积等指标综合确定。

关键词：调水；工程；等别；浅析

1　背景概况

新中国成立后，我国先后修建了几十座大型引调水工程。在 2008 年以前，一直未制订出台针对调水工程的设计规范，调水工程的设计主要依据划分标准确定工程等别。为满足大量引调水工程设计的需要，指导调水工程设计，规范设计内容。2008 年，水利部组织编写了《调水工程设计导则》，对引调水工程总体布局、工程规模、水源保护等 18 个方面进行了规范，其中调水工程等别是其中的重要组成部分，本文详细介绍了《调水工程设计导则》中表 9.2.1 调水工程分等指标确定的过程及把握的主要原则等。

2　材料与方法

2.1　数据资料搜集

本文共收集了 23 项调水工程的相关资料，参照现行水利工程等别划分有关标准，对相应工程的等别标准进行了分析。相关工程的基本情况见表 1。

表 1　　　　　　　　我国已建、在建部分调水工程特性指标统计表

序号	工程名称	工程等别	工程规模	引水流量 /(m/s³)	年引水量 /10⁸m³	灌溉面积 /10⁴亩	供水对象
1	广东东深供水工程	Ⅰ	大(1)型	80.2	24.23	2.46	深圳、香港
2	山东引黄济青工程		大型	45	2.43	8.65	青岛

续表

序号	工程名称	工程等别	工程规模	引水流量 /(m/s³)	年引水量 /10⁸m³	灌溉面积 /10⁴亩	供水对象
3	引滦入津工程	I	大(1)型	60	10		天津
4	江苏江水北调工程	I	大(1)型	1650	111.5	4527	农业灌溉
5	引碧入连工程	II	大(2)型	15	130 万 m³/d		大连
6	富尔江引水工程	III	中型	12	0.9467		沈阳
7	引松入长工程			11	3.08		长春
8	西安黑河引水工程			12	3.77	23	西安、农业
9	引大入秦工程			32/36	4.43	103	农业灌溉
10	景泰川电力提灌II期	II	大(2)型	28.8/33	4.05	82.86	农业灌溉
11	引黄入卫工程			80	6.2		城市、农业
12	引青济秦工程			8	1.75	0.43	秦皇岛（80万人）
13	万家寨引黄工程	II	大(2)型	48	12		太原、能源工业
14	新疆恰甫其海南岸干渠工程	I	大(1)型	74/85	9.8	159.5	农业灌溉
15	九龙江北溪引水工程			40	3.78	41.4	厦门
16	南水北调东线一期工程	I	大(1)型	500	88.4		济南、德州等
17	南水北调中线一期工程	I	大(1)型	350～420	95	2925	北京、天津等
18	大伙房水库二期输水工程	I	大(1)型	37.96/58.18	11.97/18.35		沈阳、大连等
19	甘肃靖会提灌工程	III	中型	12	2.16	26.3	农业灌溉
20	甘肃榆中三角城提灌工程	III	中型	6	1.08	24.5	农业灌溉
21	甘肃皋兰西岔提灌工程	III	中型	7	1.26	20	农业灌溉
22	甘肃皋兰大沙沟提灌工程	IV	小(1)型	1.4	0.25	4.1	农业灌溉
23	甘肃白银工农渠提灌工程	IV	小(1)型	3	0.54	4.0	农业灌溉

　　表 1 所列的 23 项工程中 14 项以向城市供水为主，其中有 8 项工程在原设计中明确了工程等别，另外 6 项工程在原设计中未明确等别；9 项以向农业供水为主的工程中有 8 项工程在原设计中明确了工程等别，另外 1 项工程在原设计中未明确等别。

2.2　初拟分等指标

　　初拟按供水对象重要性、引水流量、年引水量和灌溉面积等四项指标进行分等。结果详见表 2。

表 2   调水工程分等指标[2, 3]

工程 等别	工程规模	分 等 指 标			
		供水对象重要性	引水流量/（m³/s）	年引水量 /10⁸m³	灌溉面积 /10⁴亩
Ⅰ	大（1）型	特别重要	≥200	≥10	≥150
Ⅱ	大（2）型	重要	200～50	10～3	150～50
Ⅲ	中型	中等	50～10	3～1	50～5
Ⅳ	小（1）型	一般	10～2	1～0.5	5～0.5
Ⅴ	小（2）型		<2	<0.5	<0.5

表 2 中供水对象重要性为针对城市而言，按市区人口划分，见表 3。

表 3   城市重要性分类表[4]

重要性	城市规模	城市人口 /10⁴人
特别重要	特大城市	≥100
重要	大城市	100～50
中等	中等城市	50～20
一般	小城市	<20

"供水对象重要性"指标参照《水利水电工程等级划分及洪水标准》（SL252—2000）中供水工程的分等指标，按重要性分为四等，分别对应Ⅰ～Ⅳ等工程；"引水流量"指标参照《灌溉与排水工程设计规范》（GB50288—99）中引水枢纽的分等指标，按流量分为五等，分别对应Ⅰ～Ⅴ等工程；"灌溉面积"指标参照《灌溉与排水工程设计规范》（GB50288—99）中灌溉面积分等指标，按灌溉面积分为五等，分别对应Ⅰ～Ⅴ等工程；"年引水量"指标为此次导则编写过程中首次提出的分等指标，按年均引水量分为五等，分别对应Ⅰ～Ⅴ等工程。

3 结果对比分析

3.1 按供水对象重要性分析

按供水对象重要性指标，对表 1 中以城市供水为主的 8 项调水工程拟定工程等别见表 4。

表 4   按供水对象重要性拟定的工程等别

序 号	工程名称	供水对象	原设计采用 等别	工程规模	按新定分等 指标确定等别
1	广东东深供水工程	深圳、香港	Ⅰ	大(1)型	Ⅰ

序号	工程名称	供水对象	原设计采用等别	工程规模	按新定分等指标确定等别
3	引滦入津工程	天津	I	大(1)型	I
5	引碧入连工程	大连	II	大(2)型	I
6	富尔江引水工程	沈阳	III	中型	I
13	万家寨引黄工程	太原、能源工业	II	大(2)型	I
16	南水北调东线一期	济南、德州等	I	大(1)型	I
17	南水北调中线一期	北京、天津等	I	大(1)型	I
18	大伙房水库输水工程	沈阳、大连、等	I	大(1)型	I

由表 4 可见，8 项工程中按供水对象重要性指标确定的工程等别与工程原设计等别符合的为 5 项，符合率为 62.5%。3 项不符合的工程，所定等别均高于原设计等别，其中富尔江引水工程等别高于原设计二等。主要原因为，特大型城市大多为多水源供水，调水工程只是城市供水水源的一部分，有的只是补充水源，供水量占城市总用水量的比重不大，与城市总人口规模没有直接关系。因此按与城市总人口规模对应的城市重要性指标确定工程等别，对部分城市存在等别偏高的问题。

鉴于上述情况，在使用供水对象重要性指标确定工程等别时，应附带其他判别条件，或与其他分等指标配合使用。

3.2 按引水流量指标分析

（1）以向城市供水为主的工程。按引水流量指标，对表 1 中以城市供水为主的 8 项调水工程拟定工程等别见表 5。

表 5　　　　　　　　　　按引水流量拟定的调水工程等别

序号	工程名称	引水流量/（m³/s）	原设计采用等别	工程规模	按新定分等指标确定相应等别
1	广东东深供水工程	80.2	I	大(1)型	II
3	引滦入津工程	60	I	大(1)型	II
5	引碧入连工程	15	II	大(2)型	III
6	富尔江引水工程	12	III	中型	III
13	万家寨引黄工程	48	II	大(2)型	III
16	南水北调东线一期	500	I	大(1)型	I
17	南水北调中线一期	350～420	I	大(1)型	I
18	大伙房水库输水工程	37.96/58.18	I	大(1)型	II

由表 5 可见，以向城市供水为主的 8 项工程中按引水流量指标拟定的工程等别与工程原设计等别符合的仅为 3 项，其中包括南水北调东、中线一期工程，符合率为 37.5%。5

项不符合的工程,所定等别均低于原设计等别,说明流量标准值偏高。主要由于该指标来自《灌溉与排水工程设计规范》(GB50288—99),是确定引水枢纽等别的指标,引水枢纽作为单项工程,确定其等别的流量标准值高一些是合理的,但将此标准值用于比引水枢纽复杂得多的调水工程,存在标准值偏高,所定等级偏低的问题。

鉴于以上情况,在表2中流量标准值的基础上进行适当调整,将表2中流量标准值提高一级使用,即一等工程相应引水流量为$\geq 50m^3/s$,以下以此类推。按调整后的流量标准值拟定的调水工程等别见表6。

表6　　　　　　　　　　　按调整的流量标准值拟定的调水工程等别

序号	工程名称	引水流量/(m^3/s)	原设计采用等别	工程规模	按新定分等指标确定相应等别
1	广东东深供水工程	80.2	I	大(1)型	I
3	引滦入津工程	60	I	大(1)型	I
5	引碧入连工程	15	II	大(2)型	II
6	富尔江引水工程	12	III	中型	II
13	万家寨引黄工程	48	II	大(2)型	II
16	南水北调东线一期	500	I	大(1)型	I
17	南水北调中线一期	350~420	I	大(1)型	I
18	大伙房水库输水工程	37.96/58.18	I	大(1)型	I

由表6可见,对流量标准值进行调整后,以向城市供水为主的8项工程中拟定的工程等别与原设计符合的7项,符合率为87.5%。

(2)以农业灌溉为主的工程。按调整后的流量标准值,对表1中以农业灌溉为主的8项调水工程拟定工程等别见表7。

表7　　　　　　　　　　　按调整的流量标准值拟定的调水工程等别

序号	工程名称	引水流量/(m^3/s)	原设计采用等别	工程规模	按新定分等指标确定相应等别
4	江苏江水北调工程	1650	I	大(1)型	I
10	景泰川电力提灌II期	28.3/33	II	大(2)型	II
14	恰甫其海南岸干渠	74/85	I	大(1)型	I
19	甘肃靖会提灌工程	12	III	中型	II
20	甘肃榆中三角城提灌	6	III	中型	III
21	甘肃皋兰西岔提灌	7	III	中型	III
22	甘肃皋兰大沙沟提灌	1.4	IV	小(1)型	IV
23	甘肃白银工农渠提灌	3	IV	小(1)型	III

由表 7 可知，对流量标准值进行调整后，以农业灌溉为主的 8 项工程中拟定的工程等别与原设计符合的 6 项，符合率为 75%。

3.3 按年引水量指标分析

（1）以向城市供水为主的工程。按年引水量指标，对表 1 中以向城市供水为主的 8 项调水工程拟定工程等别见表 8。

表 8　　　　　　　　　　按年引水量拟定的城市供水工程等别

序号	工程名称	年引水量 /亿 m³	原设计采用等别	工程规模	按新定分等指标确定相应等别
1	广东东深供水工程	24.23	I	大(1)型	I
3	引滦入津工程	10	I	大(1)型	I
5	引碧入连工程	130 万 m³/d	II	大(2)型	II
6	富尔江引水工程	0.9467	III	中型	IV
13	万家寨引黄工程	12	II	大(2)型	I
16	南水北调东线一期	88.4	I	大(1)型	I
17	南水北调中线一期	95	I	大(1)型	I
18	大伙房水库输水工程	11.97/18.35	I	大(1)型	I

由表 8 可知，按年引水量指标，以向城市供水为主的 8 项工程中拟定的工程等别与原设计符合的 6 项，符合率为 75%。不符合的富尔江引水工程，年引水量 0.9467 亿 m³ 与 III 等工程标准值下限 1.0 亿 m³ 很接近；万家寨引黄工程年引水量 12 亿 m³ 与 II 等工程标准值上限 10 亿 m³ 很接近。

（2）以农业灌溉为主的工程。按年引水量指标，对表 1 中农业灌溉为主的 8 项调水工程拟定工程等别见表 9。

表 9　　　　　　　　　　按年引水量拟定的农业灌溉工程等别

序号	工程名称	年引水量 /亿 m³	原设计采用等别	工程规模	按新定分等指标确定相应等别
4	江苏江水北调工程	111.5	I	大(1)型	I
10	景泰川电力提灌 II 期	4.05	II	大(2)型	II
14	恰甫其海南岸干渠	9.8	I	大(1)型	II
19	甘肃靖会提灌工程	2.16	III	中型	III
20	甘肃榆中三角城提灌	1.08	III	中型	III
21	甘肃皋兰西岔提灌	1.26	III	中型	III
22	甘肃皋兰大沙沟提灌	0.25	IV	小(1)型	V
23	甘肃白银工农渠提灌	0.54	IV	小(1)型	IV

由表 9 可知，按年引水量指标，以农业灌溉为主的 8 项工程中拟定的工程等别与原设计符合的 6 项，符合率为 75%。不符合的新疆恰甫其海南岸干渠工程，年引水量 9.8 亿 m³ 与 I 等工程标准值下限 10 亿 m³ 很接近。

3.4 按灌溉面积指标分析

按灌溉面积指标，对表 1 中以农业灌溉为主的 8 项调水工程拟定工程等别见表 10。

表 10 　　　　　　　　　　按灌溉面积拟定的农业灌溉工程等别

序号	工程名称	灌溉面积/万亩	原设计采用等别	工程规模	按新定分等指标确定相应等别
4	江苏江水北调工程	4527	I	大(1)型	I
10	景泰川电力提灌II期	82.86	II	大(2)型	II
14	恰甫其海南岸干渠	159.5	I	大(1)型	I
19	甘肃靖会提灌工程	26.3	III	中型	III
20	甘肃榆中三角城提灌	24.5	III	中型	III
21	甘肃皋兰西岔提灌	20	III	中型	III
22	甘肃皋兰大沙沟提灌	4.1	IV	小(1)型	IV
23	甘肃白银工农渠提灌	4	IV	小(1)型	IV

由表 9 可知，按灌溉面积指标，以农业灌溉为主的 8 项工程拟定的工程等别与原设计全部符合。

4　结论

（1）调水工程的等别，应根据工程规模、供水对象在地区经济社会中的重要性，按表 11 综合分析确定。

表 11 　　　　　　　　　　调水工程分等指标

工程等别	工程规模	分等指标			
		供水对象重要性	引水流量/（m³/s）	年引水量/10^8m³	灌溉面积/10^4亩
I	大（1）型	特别重要	≥50	≥10	≥150
II	大（2）型	重要	50～10	10～3	150～50
III	中型	中等	10～2	3～1	50～5
IV	小型	一般	<2	<1	<5

（2）以城市供水为主的调水工程，应按供水对象重要性、引水流量和年引水量三个指标拟定工程等别，确定等别时至少应有两项指标符合要求。以农业灌溉为主的调水工程，应按灌溉面积指标确定工程等别。

跨流域调水工程水价政策

南水北调工程水价政策研究

祝瑞祥　　徐岩

(水利部南水北调规划设计管理局)

摘　要: 本文在总结南水北调一期主体工程水价测算原则的基础上，根据有关规定从供水成本构成、利润及税金、价格水平等方面分析了南水北调东线、中线一期主体工程水价分析测算涉及的相关问题。同时从部分投资的处理、还贷期限和还款流程、定价原则等角度，总结了大型跨流域调水工程水价制定中需考虑的主要因素，并据此提出了制定跨流域调水工程水价政策的相关建议，以期为相关调水工程水价制定提供参考。

关键词: 南水北调工程；跨流域调水工程；水价政策

南水北调工程是解决我国北方水资源严重短缺问题的特大型战略性基础设施项目，是跨越长江、黄河、淮河和海河四大流域的水资源配置工程。工程的建设实施，对促进我国经济社会、人口、资源环境协调发展具有重要的战略意义。

早在南水北调工程总体规划阶段，为科学、合理地制定南水北调工程水价政策，各有关部门高度重视，开展了南水北调工程水价分析专题研究工作，主要成果已纳入国务院批复的《南水北调工程总体规划》中。随着前期工作的进一步深入，在工程可行性研究和初步设计阶段，有关单位又对工程水价形成机制、两部制水价、供水成本核算、受水区水价现状、受水区水源水价与南水北调工程水价衔接等问题进行了大量的研究，形成了许多有价值的研究成果，为制定工程通水后的水价政策奠定了重要基础。本文以南水北调东、中线一期主体工程运行初期水价测算分析为基础，针对大型跨流域调水工程水价政策制定提出有关建议，以保证工程良性运行和效益发挥，实现水资源的优化配置。

1　南水北调一期主体工程水价测算原则

1.1　水价测算原则

南水北调工程跨越多个流域、多个省市，涉及供水、防洪、排涝、航运、生态修复等多个领域，投资规模大，建设周期长，线路长、口门多，新老工程结合，运行维护管理复杂。因此，在供水成本和水价测算中，主要遵循以下五个原则：

（1）合法合规性原则。水价测算应符合国家相关政策法规，全面、客观地反映工程供水成本。

（2）坚持工程可持续运行原则。水价政策制定过程中应充分考虑工程长期效益和地区社会经济发展的长远利益，满足工程可持续运行要求，保障工程持续发挥效益。

（3）突出价格的合理性原则。供水水价既要合理补偿相关供水成本、保障工程良性运行，又要合理反映水资源供需状况、优化水资源配置，也要兼顾用水户的承受能力。

（4）体现工程公益性原则。南水北调工程不仅将改善我国北方缺水地区城市生活和工业用水的供水条件，还将兼顾农业和生态用水的要求。在水价测算中，应合理考虑工程的公益性特点，给予相应的优惠政策。

（5）兼顾资源节约和环境友好的原则。水价应合理补偿资源成本、工程成本和环境成本，兼顾资源节约和环境友好要求。

1.2 投资及成本分摊的基本原则

考虑到南水北调工程各受水区城市与调水水源距离不同、需调水量不同，受益程度也不同。在测算工程各口门供水成本和水价时，要根据各口门的供水水量和输水距离，对工程投资及供水成本进行逐段分摊。

分摊的基本原则是根据"谁受益、谁分摊"，只为某一部门（功能）、某一地区（区段或口门）服务的专用工程，其投资及成本由该部门、该地区承担；同时为两个或两个以上部门（功能）、地区（区段或口门）服务的共用工程其投资及成本由各受益方按其受益的比例或程度分摊。

（1）中线一期主体工程。中线丹江口水库大坝加高工程新增投资以及形成的新资产核定为供水资产，相应的投资和成本为供水功能分摊，不再由其他功能（防洪、发电等）分摊；丹江口水库原有资产的投资和成本由现行的防洪、发电等功能分摊，供水不分摊。

干线输水工程投资形成资产全部核定为供水资产，相应的投资和成本为供水功能承担，在各受水地区之间进行分摊。

（2）东线一期主体工程。东线工程按照水利部、江苏省、山东省在协商基础上形成的《南水北调东线一期主体工程水量与水价问题协调会纪要》，对现有工程、新增工程分别进行处理。

2 南水北调一期主体工程水价测算分析

根据《水利工程供水价格管理办法》等有关规定，南水北调工程供水水价由供水成本、费用、利润和税金构成。水价测算核心是供水成本核算。

2.1 供水成本构成分析

东线一期主体工程是在利用现有河道、湖泊及抽水设施的基础上，通过新建、扩建、改造输水、抽水设施等，采取逐级提水的方式向北方输水；中线一期主体工程是通过加高现有丹江口水库大坝增大蓄水量，开挖输水渠、建设涵管道等，采取自流方式向北输水。虽然东线、中线一期主体工程的成本费用项目和范围，是依据现行水利行业相关规程、规范设置，但由于两者输水方式不同，成本费用项目、标准有一定差异。

其中，东线一期主体工程供水成本主要包括水资源费、固定资产折旧费、工程维护费、管理人员工资福利费、工程管理费、利息净支出、抽水电费、其他费用等 8 个部分。中线一期主体工程供水成本包括水源和干线工程两部分，水源工程供水成本包括水资源费、燃料材料及动力费、固定资产折旧费、工程维护费、管理人员工资福利费、工程管理费、利息净支出、其他费用等 8 个部分；干线工程供水成本包括水源工程水费、动力费、管理人员工资福利费、固定资产折旧费、工程维护费、工程管理费、利息净支出、其他费用等 8 个部分。主体工程供水成本构成具体见表 1。

表 1 南水北调主体工程供水成本构成表

项目	东线一期工程	中线一期水源工程	中线一期干线工程
水资源费	√	√	
固定资产折旧费	√	√	√
工程维护费	√	√	√
管理人员工资福利费	√	√	√
工程管理费	√	√	√
东线抽水电费	√		
中线水源燃料材料及动力费		√	
中线水源工程水费			√
中线干线动力费			√
利息净支出	√	√	√
其他费用	√	√	√

（1）水资源费。南水北调工程供水成本应包含水资源费。根据财政部、国家发改委、水利部《水资源费征收使用管理办法》（财综〔2008〕79 号）规定，按照国务院或其授权部门批准的跨省（自治区、直辖市）水量分配方案调度的水资源，应由调入区域水行政主管部门按照取水审批权限负责征收水资源费。但考虑到南水北调工程的水资源管理既涉及水源区和受水区，又涉及沿线各省（直辖市），上下游、干支流、左右岸对于开发利用和节约保护水资源拥有共同的权利、责任和义务，不仅涉及上游的水源涵养和保护等生态环境问题，还涉及下游的水污染防治、河道治理、防洪减灾等一系列相关问题，十分复杂。因此，目前在主体工程水价测算中暂未考虑水资源费的计取。

（2）固定资产折旧费。采用直线折旧法计算，由固定资产额乘以综合折旧率测算，各类资产的综合折旧率按照《水利建设项目经济评价规范》选取。工程建成后，按照竣工财务决算报表，以实际形成的固定资产总额及结构分类计算折旧。

（3）工程维护费。工程维护费包括一般维修费和大修理费，根据《水利建设项目经济评价规范》的规定，按固定资产额（扣除占地补偿费和建设期贷款利息）乘以维护费率考虑。

（4）管理人员工资福利费。主要包括直接从事水利工程运行维护人员的工资、奖金、津贴及补贴等福利费。为了更切合实际，管理人员工资按沿线省市统计年鉴公布的 2011年或 2012 年国有独立核算工业企用于业（国有经济）平均工资水平为基础，考虑 CPI 3%的年增速，测算东线、中线通水年的工资水平，并按工资总额的 62%计提企业缴纳的福利费、劳保统筹、住房公积金等各项费用。工程建成后，以据实为原则，按照工程管理人员定编数和《水利工程供水定价成本监审办法》规定的标准，核定人员工资福利费。

（5）工程管理费。主要包括管理部门为组织和管理供水生产经营所发生的各项费用，暂按人员工资福利费的 1.5 倍考虑。

（6）东线泵站抽水电费。按泵站设计扬程计算抽水电费。工程建成后，综合效率据实测算，电价按通水后国家电价政策执行，据此计算抽水电费。

（7）中线水源工程燃料、材料及动力费。主要指工程在运行维护过程中实际消耗的原材料、原水、辅助材料、备品备件、燃料、动力等费用支出。

（8）中线干线水源水费。按水源工程水价乘以多年平均新增供毛水量计算，其中达效期内供水量按多年平均毛水量乘以各年供水负荷计算。

（9）中线动力费。包括两部分，一是北京段加压泵站动力费，北京段因采用管道输水需增加加压泵站，由此发生提水泵站的耗电量费用，按北京段提水年耗电量乘以北京地区电价计列；二是中线干线闸站动力费，中线干线通水后全线实行自动化调度管理，由于工程沿线没有规划建设调蓄水库，为保障总干渠运行安全和防洪需要，需要靠沿线各闸站来调节水位和流量，各闸站处于全天候工作状态，必将消耗大量动力费。以往前期工作中未考虑此项费用的支出，建议按沿线闸站年耗电量及所在区域现行电价计算闸站动力费，并计入干线工程供水成本。

（10）利息净支出。主要指工程在运营期内为筹集资金而发生的费用，包括固定资产贷款和流动资金贷款两项贷款的利息净支出。

（11）其它费用。其他费用按除固定资产折旧和利息净支出之外的其他各项费用之和的 5%计算。工程建成后，据实核定，并符合一定范围内社会公允的平均水平。

2.2 利润及税金

《水利工程供水价格管理办法》规定：农业用水价格按补偿供水生产成本、费用的原则核定，不计利润和税金；非农业用水价格在补偿供水生产成本、费用和依法计税的基础上，按供水净资产计提利润，利润率按国内商业银行长期贷款利率加 2～3 个百分点确定。

考虑到南水北调工程具有公益性和经营性，在供水成本相对较高和受水区用户承受能力有限的双重制约下，为使工程经营主体具有一定的抗风险能力，南水北调工程将采用微利的运营方式，其资本金利润率取 1%。同时，按照国家税收主管部门规定的税种和税率征收相关税金。

2.3 价格水平

为了便于分析和比较，在研究制定一期主体工程运行初期供水价格时设定了三种口径的水价：一是成本加利润水价；二是成本水价；三是运行还贷水价。其中利润遵照总体规划确定的按资本金利润率 1%计取，营业税及其附加按现有规定的 5.5%计取。

结合东线、中线工程实际特点，东线一期主体工程运行初期供水价格按照保障工程正常运行和满足还贷需要的原则确定，不计利润，并按规定计征营业税及其附加。中线一期主体工程运行初期供水价格按照成本水价的原则确定，不计利润，并按规定计征营业税及其附加。目前，东线一期主体工程运行初期供水价格政策已于 2014 年 1 月由国家发展改革委印发并执行。

3 大型跨流域调水工程水价制定中需考虑的主要问题

南水北调工程从规划获批到东、中线一期工程陆续通水历时 12 年之久，工程最终投资规模较前期有一定幅度增长，部分供水成本项目及参数取值也与实际情况相差较大。随着南水北调工程前期工作的逐步深入，并结合现行相关政策和实际情况的变化，在遵循以往前期工作成果的基础上，运行初期水价政策的制定也在不断地完善。纵观南水北调东、中线一期工程运行初期水价政策制定全过程，大型跨流域调水工程水价制定过程中需重点考虑以下几个方面的问题。

3.1 部分投资的处理问题

（1）工程投资及成本费用的分摊。大型跨流域调水工程通常是发电、供水、航运、灌溉、防洪、旅游、养殖及改善生态环境等目标和用途的集合体，涉及多个省（直辖市）。为了正确计算工程供水成本和水价、评价项目的经济效益，必须将多目标建设的工程投资及成本费用在各受益省（直辖市）、各功能之间合理分摊，充分体现"谁受益，谁承担"的原则。

（2）相关其他工程投资。大型跨流域调水工程的规划和实施必须建立在节水、治污和生态保护的基础上，处理好调水工程和水污染防治的问题，做到"先节水后调水，先治污后通水，先环保后用水"，防止出现大调水大污染的局面。近年来，国家在污染治理上力度不断加大，关停并转了一大批高污染企业，但偷排偷放污水的现象仍时有发生。为了确保输水水质，需要在输水沿线开展污水处理厂建设、点源治理、小流域综合治理、垃圾清理及处理等综合治理项目。这部分工程投资应按照"谁污染，谁治理"、"谁破坏，谁恢复"的原则，不纳入供水成本测算范围，其运行维护由地方负责。

（3）待运行期费用。大型跨流域调水工程一般是从水源地（河流、水库、湖泊）取水并通过渠道、倒虹吸（或渡槽）、隧洞、管道等工程输送给受水区或用水户，由陆续建设完工的多个单元工程组成。在整体工程建成通水前，为确保建设期已完工项目完好和按时投入运行所需发生的费用，应包含在工程总投资中，但不涉及折旧及运行维护费用的计提，可不纳入供水成本测算范围。

3.2 还贷期限和还款流程

由于大型跨流域调水工程在规划、设计、建设等环节存在不同程度的不确定性，而工程投资中银行贷款规模、还贷总体安排将影响水价测算结果。应结合工程建设进度以及与银团签订的贷款协议，及时调整还贷期限和还款流程。同时，贷款利率按照工程实际还款期五年期以上贷款基准利率计算。

3.3 定价原则

大型跨流域调水工程通水后，将形成当地地表水、地下水和外调水多种水源供水的格局。如果水价结构不合理，用水户从自身短期经济利益出发，就会多用当地地下水和地表水。这不仅不利于改善水环境、实现可持续发展的目标，而且还会造成调水工程投资的浪费，使水资源优化配置的目标不能全面实现。

另外，调水工程一般在运行初期还贷压力大，后期维修和更新改造费用增加。从长期看，工程供水价格应是由低到高的逐步调整过程。因此，工程运行初期供水价格政策的制定，既要本着符合工程特点和实际情况出发，较好地体现成本公平负担的基本原则，又要有利于充分调动地方管理的积极性。同时还要遵循三个原则：

（1）保障工程正常运行、满足偿还贷款本息需要。供水价格要补偿工程运行维护成本和还本付息要求，确保工程持久发挥效益。

（2）促进水资源节约和优化配置。工程受水区都是水资源极为紧缺地区，工程是根据受水区需求筹集巨额资金建设，要充分利用价格杠杆促进水资源的节约和优化配置，推动受水区水价改革，遏制地下水超采。

（3）充分体现工程的公益性。工程具有较强的公益性，在充分考虑受水区经济发展水平和社会承受能力的基础上，运行初期水价要便于受水区水价的平稳过渡，减轻外调水和本地水水价衔接压力。

4 对跨流域调水工程水价政策制定的有关建议

跨流域调水工程是为满足区域战略发展并具有明显补水性质的水资源配置工程，工程一般具有投资规模巨大、供水目标多样、利益群体众多、影响范围广泛等特点。南水北调工程作为我国乃至全世界规模最大的跨流域调水工程，在规划、设计、建设以及未来的运行管理等方面，对其他跨流域调水工程均有一定的指导和借鉴作用。基于这一特性，根据南水北调东线、中线一期主体工程运行初期供水价格政策研究制定过程中涉及的诸多因素，对其他跨流域调水工程水价政策制定提出几点建议：

（1）合理确定运行初期的水价政策。由于外调水成本远大于当地水成本，为引导用水户合理使用当地水和外调水，实现受水区水源结构的平稳过渡，工程在实际运行过程中的价格应由低到高逐步调整到位；同时也应意识到我国水安全形势的严峻性。运行初期水价政策应发挥价格杠杆作用，体现市场化取向，要有利于实现收支平衡、促进节水、保障工程正常运行和持续发挥效益。

（2）建立合理的水价调整机制。按照党的十八大提出的深化资源性产品价格改革的要求，在工程竣工决算并正式运行后，应根据工程运行的实际供水量、财务状况、工程运行实际成本及其他因素情况，对运行初期价格进行校核，适时建立工程正常运行阶段的供水价格调整机制，便于工程水价的平稳过渡。

（3）研究建立工程运行还贷高峰期中央财政补贴措施。跨流域调水工程均存在工程运行初期还贷压力较大的问题，运行初期工程供水价格，理论上可以基本满足工程的正常运行和偿还贷款需要。但工程通水后由于一些因素的变化存有一定的风险，如工程实际运行中可调水量的不确定性、配套工程建设不同步等原因，很难按照规划水量如期达效。因此，在工程运行初期实际水费收入很可能不足以补偿工程的正常支出，应研究建立工程运行还贷高峰期中央财政补贴措施。

（4）免征工程运行期间营业税及其附加。跨流域调水工程多属于公益性质，为保障受水区外调水与当地水水价的平稳衔接，减轻用水户的压力，建议对工程免征营业税及其附加。

（5）实行两部制水价机制。两部制水价是确保跨流域调水工程建成通水后能否良性运行的核心和抓手。建议跨流域调水工程实施两部制水价，其中基本水价用于补偿供水直接工资、管理费用和50%的折旧费、工程维护费等固定成本；计量水价用于补偿基本水价以外的其他变动运行成本。

参考文献

[1] 水利部南水北调规划设计管理局，山东省胶东调水局. 引黄济青及其对我国跨流域调水的启示[M].
    北京：中国水利水电出版社，2009.

[3] 国家发展和改革委员会,水利部.水利工程供水价格管理办法[Z].2003.

关于长距离引调水工程水价成本费用分摊问题的探讨

张若虎　　王岩

（黑龙江省引嫩工程管理处）

摘　要：本文通过对供水价格成本中的管理费用、财务费用、销售费用的分析，推荐了较为合理的在水价成本中不能直接分摊到各区段的总部费用的分摊方法；同时简述了含水量损失因素的各区段应分摊本区段和上游区段的成本费用方法。

关键词：长距离引水工程；水价成本费用；分摊

随着我国经济社会的发展，由于水量在时间、空间分配不平衡而带来的水量供需矛盾也更加突显，为此我国陆续兴建了多个大型、长距离、多用户的引水工程。按照有利于供水经营者供水耗费均衡补偿、有利于用水户均衡负担水费和有利于促进节约用水的原则，合理划分供水成本并准确计算成为供水单位亟待解决的难点。如何在各用水户中分摊供水成本费用，不仅影响建设规模的确定、长距离供水目标以经济合理性为依据的取舍决定，也影响用水户对供水价格的认可程度，影响水费的收缴，水费是否及时、足额、均衡的收取是供水工程能否长期稳定发挥效益的关键，因此水价费用合理分摊是供水工程管理单位能否保持经济良性运行，持续发挥效益的关键。

目前长距离多用水户供水工程的水价成本费用计算实践中多实行分区段计算成本费用，然后用水户根据用水量分摊上游各区段和本区段的成本费用，分摊到各区段的成本费用之和即为该区段的水价成本，各区段的成本费用之和除以该区段的用水净用水总量得出本区段取水的用水户单方水价。供水成本及生产费用包括直接工资、直接材料费用、其它直接支出、制造费用、运行管理费用、销售费用、财务费用，其中管理费用、销售费用、财务费用既包括直接发生在工程各区段的费用，也包括总部发生的费用。水价测算中含有两个环节的分摊，一是各项成本费用分摊到各区段；二是各区段承担本区段及上游区段成本费用的分摊。分摊工作的理论和实践中有几个问题亟待解决，一是在供水单位独立法人一级核算的情况下，总部的管理费用、销售费用、财务费用如何向各区段分配；二是以用水量比例为依据分配成本费用时如何考虑沿途蒸发渗漏损失的因素。如何求得一种合理的比例，将共用的资产、成本、费用进行分摊，从而进行核算并合理确定各类供水成本、费用，以便客观公正地核算供水价格是本次探讨的重点。

1 分摊方法简述

1.1 总部管理费用分摊方法

在"公平负担、效益分享、合理分摊、分类补偿"的水价分摊总原则下，总部管理费用的分配应考虑的因素有：总部投入到各段的人力和各项管理费用用于各段的多少。由于总部人员对所有区段进行管理，所以人力的直接量化计算，是很难实现的，管理财务支出的分解也较难完成，找到一个理论合理、实践可行的分配间接方法是解决问题的途径。基于水价测算的实践，笔者认为有以下几种途径：第一种途径是，依据各区段的所含工程的数量及规模，按水利部颁发的人员编制定额计算各段的人员总数，按各区段人员数量比例所占权重分配总部管理费用；第二种途径是按各区段工程的固定资产原值的比例分配管理费用；第三种途径是依据各段的净用水量与水量损失分摊之和的比例分配管理费用。第三种途径与第二种途径与总部管理投入的人力和费用相关性不如第一种方法密切，所以不推荐使用。水利部定额人员是经过多年实践测定的指标，考虑了管理工作所需工作量，且管理主要是人的管理，管理人员的数额与管理工资直接相关，与管理财务支出相关紧密，所以推荐第一种方法。

1.2 总部销售费用、财务费用分摊方法

销售费用和财务费用的各区段分配，应与各段的水费应收额相一致，而该两项费用又是水费应收额的一部分，理论上无法计算，不能通过水费应收额的比例计算销售费用和财务费用。因水价成本费用中此两项费用占比例较小，推荐用其它水价成本费用项目计算的水价成本费用近似值比例计算该两项费用，即在各段其它成本费用计算完成后，计算各区段的用水量和各区段分摊本区段及上游段的水量损失，用水量比例法根据本段用水量和分摊本区段及上游各段水量损失之和的比例，计算各段分摊本区段及上游段其它成本费用，本区段分配上游各区段的其它成本费用与分配本区段其它成本费用之和，即为总其它成本费用。按各区段总其它成本费用的比例计算总部销售费用和财务费用在各段中的分配。此方法与下面介绍的方法类似，只是成本费用中少了销售费用和财务费用。

2 各区段分配本区段及上游区段成本费用方法

各段的成本费用计算完成后，进入各段水价的计算环节，此环节要以各区段净用水量及各区段的水量损失分摊本区段及上游区段的水量之和的比例计算分摊上游区段成本费用，这样就使水量损失的因素在计算中得以体现，具体计算方法如下：

第一步：设置分界断面，将工程沿线分为若干区段，区段数为 n。分界断面设在各用水单位取水建筑物处，即成本陡变断面（多数为大型建筑物所在断面）或水量陡变断面（引水量集中的断面）。

第二步：计算水价测算工作开展前三年各区段的水量损失量的平均值 s_n、s_{n-1}、$\cdots$、s_1，

区段内引水量的平均值 w_n、w_{n-1}、$\cdots$、w_1，区段运行成本 c_n、c_{n-1}、$\cdots$、c_1。以上数值填入 Excel 表格。

第三步：计算最后区段的用水量与损失量之和 w_n+s_n，与上一区段净用水量 w_{n-1} 相加，得出 x_{n-2n-2}。$\dfrac{w_n+s_n}{w_n+s_n+w_{n-1}}$ 即为最后区段分摊上一区段水量成本的分摊系数 x_{n-1n}。

$\dfrac{w_{n-1}}{w_n+s_n+w_{n-1}}$ 为 $n-1$ 区段分摊本区段水量损失系数 x_{n-1n-1}。$x_{n-1n}\times s_{n-1}$ 为 n 区段分摊 $n-1$ 区段的水量损失 s_{n-1n}，$x_{n-1n-1}\times s_{n-1}$，为 $n-1$ 区段分摊本区段的水量损失 s_{n-1n-1}。同理 n 区段、n 区段分摊成本 $n-2$ 区段成本系数 x_{n-2n} 为 $\dfrac{w_n+s_n+s_{n-1n}}{w_n+s_n+s_{n-1n}+w_{n-1}+s_{n-1n-1}+w_{n-2}}$，$n-1$ 区段分摊

$n-2$ 区段成本分摊第数 x_{n-2n-1} 为 $\dfrac{w_{n-1}+s_{n-1n-1}}{w_n+s_n+s_{n-1n}+w_{n-1}+s_{n-1n-1}+w_{n-2}}$，$n-2$ 区段分摊 $n-2$ 区段成本分摊系数 x_{n-2n-2} 为 $\dfrac{w_{n-2}}{w_n+s_n+s_{n-1n}+w_{n-1}+s_{n-1n-1}+w_{n-2}}$。

以此类推，从下游向上游逐段计算，可在表中计算出各区段分摊上游区段的成本分摊系数。此过程看似复杂，在 Excel 表中计算非常简单，容易操作。因为多数表达繁琐的代数式，可以通过函数功能运算，简便准确。

第四步：各区段对于上游区断的成本分摊系数与上游区段成本的积为该区段分摊上游区断的成本，在 Excel 表中求和，为本区段的分摊成本总量 zc_n、zc_{n-1}、$\cdots$、zc_1。本区段成本总量与专用工程成本之和除以本区段的净用水量，为该区段水价。

3 结语

水价是实现循环经济"效率"的主要途径。作为供水单位把水价成本、费用合理分摊，谁受益谁负担，使各用水单位一目了然、欣然接受，有利于水费收缴工作的进行，从而保障水利工程长期良性运行；也可为拟建工程确定建设规模，取舍远距离供水目标提供科学决策依据。以上为基层水价测算工作者对长距离多供水目标引水工程水价测算中关于两个环节分摊方法的一点思考，不当之处请指正。

参考文献

[1] 郑通汉，任宪韶. 水利工程供水两部制水价制度研究 [M]. 北京：中国水利水电出版社，2006:13-25.

[2] 李洋，吴泽宁，郭瑞丽，等. 南水北调中线工程干线分段两部制水价核算办法 [J]. 水利经济，2010,24(3):28-31.

[3] 傅平，张天柱. 我国两部制水价对供水价格目标的影响 [J]. 中国给水排水，2002,18(4):26-28.

[4] 宁春鹏. 广西水利工程供水实行两部制水价的探讨 [J]. 节水灌溉，2008(8):53-57.

[5] 沈大军，梁瑞驹，王浩，等. 水价理论与实践 [M]. 北京：科学出版社，1999.

南水北调信息公开与北京市居民用水支付意愿研究及政策建言

何俊　李焕宏　王琛　石侨　昌敦虎

（中国人民大学环境学院）

摘　要： 在南水北调中线工程即将通水，北京市水价面临进一步调整的背景下，本研究以支付意愿为手段，以信息公开为主要变量，研究信息公开对居民支付意愿的影响，进而联系到水价调整的居民满意度。进而获知信息公开在新制定水价过程中产生的作用，并结合政府信息公开和居民信息获取水平的差距，对相关政府部门进行政策建言，以提高居民对于南水北调中线工程通水后的支付意愿，改善居民对于水价调整的满意度。

关键词： 南水北调；信息公开；水价；支付意愿

1　选题背景

1.1　水价调整：市场经济条件下南水北调中线工程的难言之隐

我国水资源分布南多北少，与生产力布局不相适应。京津华北地区是我国水资源供需矛盾最为突出的地区。而北京更是水资源严重匮乏的特大城市，近 10 年来，每年形成的水资源量平均只有 21 亿 m^3，而年用水总量达 36 亿 m^3。巨大的用水缺口，只能通过外省调水和超采地下水来缓解。随着人口的增加、经济的发展，水资源供需矛盾更加突出，并产生了严重的生态环境问题，不仅制约了当地经济社会正常发展，甚至影响到国家的可持续发展战略。我国于 2003 年 12 月 30 日开始实施南水北调中线工程，该工程从长江最大支流汉江中上游的丹江口水库东岸岸边引水，经长江流域与淮河流域，在河南郑州附近通过隧道穿过黄河，沿京广铁路西侧北上，自流到北京颐和园的团城湖。南水北调中线工程累计投资 2082 亿元，并将于 2014 年汛后通水运行，通水后一期每年将有 10.5 亿 m^3 的水送至北京。南水北调来的这 10 亿多 m^3 清水，能占到市民生活用水的 50% 以上，将为中心城和新城 20 座自来水厂供水，成为首都的主力水源。目前，南水北调的供水范围涉及几乎北京全部的平原地区，将近 6000km^2，除延庆以外，15 个区县都能够喝到长江水。另外江水进京后，北京可恢复扩大 1 万 hm^2 的河湖水面，生态环境将得到有效改善。

南水北调中线工程对解决局部地区供水不足问题，促进北京经济、社会和生态环境协调发展意义重大、影响深远。

但是在目前相关的信息公开水平下，面对南水北调中线输水即将进京，北京市居民对于水价调整又引发了新一轮的担忧。中线工程从开始实施时不乏受到专家和网络、媒体的指责，认为中线移民任务、工作量投资巨大，对当地生态可能造成不可恢复的影响等，到近期中线即将全线竣工通水，北京市面临新一轮的水价调整，居民们颇有怨言，而供水地丹江口居民也是心中不满，自工程开工至今，丹江口经历了搬迁、水价上涨、土地回购等，生活负担加重，补贴不足。一方面水利工程不得不开；另一方面，利益相关者又怨声连连，政府机关政策执行难度无形中加上了一道硬坎。

因此，在社会主义市场经济体制下，跨流域调水的水价问题已经成为了南水北调中线工程亟须解决的核心问题，也是北京市居民广为关心的问题。合理确定跨流域调水工程的水价，进而制定北京市居民满意的水价并出台相应的水价解释机制，不仅关系到调水工程效益的正常发挥，关系到供水企业的生存与发展，而且对建立节水型社会，实现水资源的合理利用和优化配置，促进经济社会可持续发展具有重要的作用。

1.2 公众参与：政府决策过程中重要因素

根据《中华人民共和国价格法》和《北京市政府价格决策听证办法实施细则》的有关规定，在北京市水务局提交《关于调整水资源及水利工程供水水费》、北京城市排水集团有限责任公司提交《关于调整污水处理费的申请》和北京市自来水集团有限责任公司提交《关于调整自来水销售价格的申请》及有关审计报告后，进入价格决策听证程序。北京市发展和改革委员会于 2014 年 4 月 17 日就水价基线上涨和阶梯水价进行了听证，收集各方民意，测试各代表对阶梯水价的接受度，进而为下一步政策的全面执行做好准备。此次听证会有 25 名参加人，全部由北京市消费者协会、北京市人大、北京市政协、北京市水务局等单位推荐产生。从程序上看，合乎法律要求，但从人数和产生途径上看，并不能很好地体现北京市大多数居民的意见，尤其是低收入和退休职工等较少和难以参与听证会这类公共决策方式的人群的意见。而恰恰我们在调查研究过程中发现，这部分低收入或缺乏收入者正是水价调整影响最大的利益相关者。

1.3 信息公开：维持在低水平的政府行为

在政府工作过程中，信息公开具体涉及三个要素即渠道、内容和频率的确定，均需要更进一步的实践研究。在调查走访的过程中，笔者发现大部分居民首先就不清楚该从什么渠道获取信息。在过去，北京市的水价变化以及水价相关信息的通告都是通过听证会一次性曝光，期待通过新闻传播和新水价政策实施之间的时间差，让居民自行获取信息，以此通过居民内部转告实现较好的宣传效果，但就这一途径，信息内容偏差较大，容易产生居民臆想的虚假信息掺杂，大大降低了政府的公信度，加上有些信息本身可信度偏低，很难让居民通过新闻媒体短期公开的渠道了解更多。

另外，北京市相关的官方信息公布平台的受居民的实际关注状况堪忧。其中北京市水务局的官方网站点击率一直维持在较低水平，截至 2014 年 9 月 3 日，2014 年的总点击量为 195430 次，水务信息公开的目的并没有很好地达到，网站信息繁杂，更适合部门内部自行使用，居民使用难度大，这也间接导致了信息传递的难度加大。在北京市水价信息公开中,哪个渠道居民接受度最高?何种频率可以满足他们信息获取的需求?又是哪些信息在水价的信息公开中居民真的想知道的、可以知道的?这些问题将在后面的论述分析中详细论证,并提出政策建言,旨在也可以引导提高居民的南水北调信息获取程度,减少水价制定部门的水价调整压力。

2 研究意义

2.1 丰富与发展了水价政策理论

我国目前水价相关政策理论的研究,多是从研究水资源的价值以及水价的构成入手,从成本分析的角度,来研究水价问题,无论是成本加成法还是全成本水价法,其实质还是一种成本核算的方法。本研究从社会学、心理学、水资源管理学等多学科交叉的角度研究南水北调相关信息公开与北京市居民对于用水支付意愿之间的关系,是多学科融合交叉的产物。以水科学为背景,管理科学为指导,以社会心理学理论为基础,构建以信息公开和居民支付意愿相关关系为研究框架的水价制定体系,研究成果对以上各个学科相关理论也是一个拓展。因此,从数量意义上说,这将丰富水价制定政策理论的研究。

2.2 重要的实践意义

2.2.1 为政府对水价的宏观调控和相关政策制定提供依据

《中华人民共和国价格法》第十八条明文规定,政府在必要时可以对以下商品实行政府指导价或者政府定价:①与国民经济发展和人民生活关系重大的极少数商品价格;②资源稀缺的少数商品价格;③自然垄断经营的商品价格;④重要的公用事业价格;⑤重要的公益性服务价格。水资源不仅是国民经济发展重要的战略性经济资源,更是和人民生活息息相关的特殊商品。跨流域调水工程不仅有经营性目标,更重要的是其公益性目标,跨流域调水水价的制定,除了考虑供水成本、水资源调出流域和受水区流域的水资源状况外,更多的应考虑不同流域的经济社会情况、人文状况,国家或地区的政策导向是最重要的定价依据。因此,深入研究跨流域调水的水价机制,提出合理的跨流域调水工程供水价格制定的措施,可以为政府制定跨流域调水水价政策提供科学依据。

2.2.2 通过南水北调适当信息公开提高北京市居民水价满意度

目前水价制定的依据为全成本定价原则,即水价由供水系统成本费、污水处理费和水资源费三部分组成。但现行的水价还是低于三者相加的总和,其中的缺口将由财政资金补贴来解决。被低估的水价不能很好地反映市场规律,未能给居民节水提供必要的经济激励,提升水价是必需的。

出于南水北调之水入京、节水行动、减少水价补贴等原因,北京水价上涨。北京市并于 2014 年 4 月 17 日就水价基线上涨和阶梯水价进行了听证,收集各方民意,测试各代表对阶梯水价的接受度,进而为下一步政策的全面执行做好准备。水价上涨增加了居民的生活成本,对部分低收入家庭更是生活负担。本研究以支付意愿为手段,以信息公开为主要变量,研究信息公开对居民支付意愿的影响,再根据居民满意度与支付意愿呈倒 S 形非线性关系的理论，联系到水价调整的居民满意度的研究。进而获知相关信心公开在新制定水价过程中产生的作用，通过合适的渠道公开合理的信息以提高居民对于南水北调中线工程通水后的支付意愿，并改善居民对于水价调整的满意。

3 研究方法

本研究主要通过调查问卷法、查阅文献法和访谈法进行，在进行调查时通过向居民展示南水北调中线工程和北京市水价相关的不同程度信息，并获取居民在相应情况下的支付意愿，同时公开信息后和公开信心前分别形成实验组和对照组，以测算南水北调信息公开和北京市居民用水支付意愿的关系。

同时在对居民的水价接受的模型中，我们认为已知的内容为：居民之间对于水价浮动有一定的关注度，同时南水北调中线工程为水价调节的相关变量，中线工程的通水和水价浮动之间有一定的正向联系；目前水价处于一个不完全市场中，定价由政府这个看的见的手进行调节，所以还和很多的约束性政策相关，政府在定价时会进行综合考量，所以影响市民自身对水价支付意愿的因素主要为产品本身的稀缺性，产品成本，自身的承受能力这几个因素，通过前面的走访，我们可以确定的是，现有水价并未超出市民们自身承受能力，就需要了解是不是水本身的稀缺性和成本影响了居民接受能力，在不完全市场中，信息透明度直接影响了支付意愿，所以在水价其他因素没变的条件下，我们问卷单项研究南水北调信息公开（水价变化信息的正向变量）和居民用水支付意愿的关系。

（1）实验组：向实验对象提供项目组搜集的信息（代表信息公开后的状态），信息包括正面的信息和负面的信息。正面的信息指可能提高居民支付意愿的信息，如水源地生态损害、库区移民安置问题需要更多资金支持。负面的信息指可能降低居民支付意愿的信息。并按照信息的详细程度和居民获取该类信息的难易程度进行了分级，以测算不同信息公开程度下的居民支付意愿。其中居民对于该类信息的掌握情况可以反向反映该类信息的公开程度。

（2）对照组：问卷过程中无信息传递。

（3）控制变量：在调查过程中，我们先了解被调查者对南水北调和北京市水价的信息获取情况，并询问他们对工程和水价的态度，并了解被调查者平时了解相关信息的渠道等，再对同一个人给更多的信息，信息分了三层，分别为南水北调北京信息，南水北调总信息，南水北调取水地信息，最后将居民的意愿进行对比，研究信息公开程度和水价支付意愿之间的关系（是否相关，正相关还是负相关），从而确定北京市水价调整适合公开的信息量及内容。

（4）实验预期：实验组被调查对象接受到不同公开程度的正反两面信息，经过权衡和理性判断，其支付意愿因此而受到影响。实验组和对照组两组在支付意愿上有统计上的显著差异。差异说明了信息公开和有效传达对民众支付意愿的影响。如果信息公开能提高民众对水价上涨的接受度，那市场化的水价调整政策（减少补贴，水价上涨）就更容易实行。水价上涨和阶梯水价的意义也逐渐会显现出来。

4 调查结果分析

4.1 数据有效性

本次问卷调查累计发放 200 份问卷，其中有效问卷 151 份，发放地点涵盖北京市首都功能核心区、城市功能拓展区、城市发展新区、生态涵养发展区四大区域的各个代表区县，并按照各区域户籍数目比例进行发放。被调查者年龄、收入结构较为符合北京市实际情况。

表 1 调查问卷地区分布

区域	昌平	朝阳	东城	房山	丰台	海淀	密云	顺义	通州	西城	延庆
户籍数	17	36	1	2	11	21	1	1	2	4	2

样本抽取办法为随机阶抽，先进行分区，再在流动性人口聚集区抽样，地区抽样无重复，覆盖北京五环内区及昌平、怀柔等偏远地区都为抽样重点。依照我们的现有的问卷调查能力，这样的小样本量下的随机抽样容许的抽样误差额为 9%（理想状况下）。

4.2 信息公开和支付意愿

南水北调信息公开程度和北京市居民生活用水支付意愿的相关性分析结果显示（见表 2），两者具有相关性，信息公开程度越高，不论是何种类型的信息公开，最终南水北调信息公开程度和居民的用水之间居民的支付意愿越高，政府在制定新水价时进行合理的信息公开在相同价格水平上有助于提高居民对于新水价的满意度。

表 2 相关性分析

参 数		C7.1	C7.2
C7.1	Pearson 相关性	1	0.797**
	显著性（双侧）		0.000
	N	101	101
C7.2	Pearson 相关性	0.797**	1
	显著性（双侧）	0.000	
	N	101	101

注 表中**表示在 0 .01 水平（双侧）上显著相关；C7.1 为问卷中 居民是否了解提供信息，了解为 1，不了解为 0；C7.2 居民的水支付意愿，三种程度的相关性相近，同时随着信息公开程度增加，支付意愿上升。

4.3 北京市居民对于现行水价的评价

2014 年 5 月 1 日之后水价调整为：第一阶梯户年用水量不超过 180m³，水价为 5 元/m³；第二阶梯户年用水量在 181~260m³ 之间，水价为 7 元/m³； 第三阶梯户年用水量为 260 m³以上，水价为 9 元/m³。而 2014 年 5 月之前北京水价标准是 4 元/m³。调查结果显示（见图 1）49%的北京市居民较为接受现行水价，但大部分居民认为北京自 2014 年 5 月 1 日起实行的水价偏高，有关部门再制定下一步水价时需考虑居民的意见，若要提高水价应当谨慎。同时绝大部分的居民对于实行阶梯水价抱以支持的态度，只有14%的居民明显反对（见图2），发改委在这项政策的制定和实施上和居民的意愿较为一致。

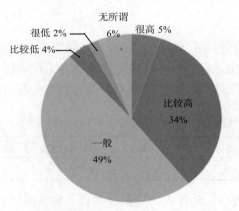

图 1　北京市居民对于现行水价的态度　　　图 2　北京市居民对实行阶梯水价的态度

4.4　居民对南水北信息了解及获取情况

本次调查通过对居民的信息了解和获取情况分析在新水价价格的信息公开中，哪些因素需要被充分考虑，在以往的信息公开程度判断中，大都考虑以下四个因素：信息本身的受信力；接收信息的频率；媒介的公信度；信息公开量。

信息本身的受信力我们通过问卷给到居民一组南水北调实际信息，考察居民对这部分信息的信任程度，通过问卷提供信息的方式控制了居民获取信息的媒介，避免了由于媒介公信力导致的差异，问卷中共提供了以下五个信息：

信息 1：南水北调受水地包括北京、天津、河北。

信息 2：北京在南水北调工程中生活供水保证率 95%以上。

信息 3：南水北调工程的预计成本大约为 2467.6 亿元。

信息 4：截止到目前南水北调工程在北京水价中没有收取补偿费用。

信息 5：丹江口水库是南水北调工程中最大的供水水源（所有信息均为真实信息，信息来自参考文献）。

其中信息 1、信息 4、信息 5 的信息不涉及具体的数目，为南水北调大纲性信息，信息 1 为南水北调总工程信息，信息 4 为南水北调中北京（与调查用户所在地相同）的信息，这部分信息与居民的生活更贴切，信息 5 为南水北调中水源地的部分信息，为避免连续三条相同类型信息带来的判断误差，我们将信息打乱位置提供，另外提供了两条带有具体数目的信息，信息 2 关于北京的小数目，信息 3 关于南水北调总工程的大数目。在计算时，将提供的五个选项进行赋值，计算得这五条信息自身的可信度排列为：信息 1（3.61）、信息 2（3.53）、信息 4（3.42）、信息 5（3.40）、信息 3（3.13）。可以看出南水北调中信息自身的可信度上，南水北调总工程的大数目信息居民获取之后，可信度最低，而且与其他信息的可信度相差甚远，而同样涉及详细数目的信息 2 的可信度却仅低于信息 1，这在对南水北调的信息公开中政府博得居民认可提供了一个确实的方向：在涉及利益方面的信息，提供时与居民利益本身的相关性，在保障居民知情权的同时，又能引起居民对于该类信息的重视，以获得居民最大程度的认可。

其次是居民接收南水北调信息的频率，计算得出居民通过各种方式了解南水北调工程的频率，调查中不时有居民表示疑惑，认为南水北调工程早已经结束，大多数居民表示听说过南水北调中线工程北京即将通水，平均计算出问卷中居民接收频率约为 0.89 次/（人·月），其中政府 26.83%，科研机构 24.73%，媒体 37.19%，其他方式 11.27%，根据目前的公开频率，我们让居民对未来水价进行预估，判断居民对未来 3 个月内水价的趋势预测能力，结果有 34.23% 认为水价不变，44.97% 认为水价会上涨 30% 以内，15.55% 认为会涨 30% 以上，剩下不到一成的居民认为水价会降，而我们在相关部门走访了解到未来居民水价仍有可能上涨，上涨空间预计在 30% 以内，也就是说近 45% 的居民针对已有的信息加上个人的经验可以得到正确的预测，对于针对水价这样的信息公开频率，已经足够。决策部门在进行信息公开时应有侧重点，立足于居民了解和关心的信息的基础上进行正确引导。

本次研究在考虑媒介的公信度时，主要对比考虑了政府、科研机构、媒体三方在信息公开中的公信度，通过问卷直接提问，我们获取了居民对媒介主观意愿上的公信程度，通过赋值计算，得出的结果是媒体的公信度值最高，而科研机构的公信度值最低，而其中媒体的公信度值远高于政府和科研机构。可以认为到目前为止，最有效的信息公开媒介依然是媒体，这一方面提出了对媒体报道时真实性的考验，另外一方面更是建议政府，在信息公开时，借用媒体公开信息，可以帮助政府政策信息博得更多居民的认可，建议发改委、供水集团等部门可以充分利用已有的微博等新媒体力量，创造政府自己的宣传媒介，结合政府和媒体两种媒介的特性，一方面可以满足居民对信息公开媒介的要求；另一方面可以提升政府信息公开公信度（注：通过信息获取的频率和媒介的公信度水平可以帮助政府分析合理的信息公开方式）。

5 综合政策建议

通过前文的论证分析，我们得出：通过信息公开能够加深居民对南水北调工程的了解，同时改变居民对于水价的支付意愿，并提高居民对于水价调整的满意度。

5.1 政府在面对政策实施成本和信息公开成本两难间应如何抉择

不同的信息公开程度对居民的用水支付意愿将产生不同的影响，我们可以通过调整信息的公开程度来改善居民对于新水价的满意度，进而降低水价调整的压力，减少政府的政策实施成本。但政府在进行信息公开时，由于相关政策（如《中华人民共和国信息公开条例》）的影响，以及信息公开平台的建设和运营成本等问题，政府同样存在着信息公开成本。这样就存在一个两难的悖论：政府若想减少涨价阻力，降低政策实施成本，就需要提高信息公开程度，进而产生更高的信息公开成本。在两种相悖成本之间，关联的则是居民用水的支付意愿，具体关系可见图3。

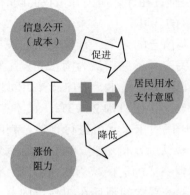

图 3　信息公开与居民用水支付意愿的关系

但经过笔者调查走访和后续的分析发现，直接对居民用水的支付意愿产生影响的是居民信息获取水平，即政府信息公开程度影响居民信息获取水平，居民信息获取水平再直接影响居民的用水支付意愿，从而影响政府水价调整的压力。

因为政府信息公开和居民的用水支付意愿之间并没有直接对应关系，之前提到的政府信息公开成本和水价调整政策实施阻力（成本）之间的悖论可以规避，即使政府在不大幅度提高信息公开成本的情况下，努力提高居民的信息获取水平，进而提高居民用水的支付意愿，从而降低政府水价调整的阻力，减少政策实施成本。

5.2　政府在跨越信息公开和居民信息获取之间距离时应担负何种责任

毫无疑问，在现有信息公开程度下，居民对于信息的获取水平与此还有这很大差距，笔者团队在调查时所提供的三类信息大部分都可以通过相关的渠道获取，但之前居民对于此类信息的获取水平极低。

5.2.1　有针对性的公开信息将有效提高居民的信息获取水平

面向不同对象通过不同渠道公开不同信息将产生不同的影响，有针对性的公开信息将有效提高居民的信息获取水平。在调查中笔者发现，居民收入和居民用水的支付意愿之间呈现正相关关系，高收入人群对于水价的承受能力明显高于低收入人群，但高收入人群对于水价的关心和了解程度较低，低收入人群则相反，北京市水价调整更多的影响低收入人群。同时由于职业类型的不同，居民的支付意愿也有着很大的差异。男女性居民在相同情况下对于生活用水的支付意愿亦有着不同的表现。在制定水价政策时，水价制定和解释部门应充分考虑到不同受众人群的特性，并选取公信力较高的渠道进行信息公开。在目标人群上更具有指向性，在政策覆盖面上更具有针对性，对于不同人群采取不同方式，将有效提高居民对于信息的获取程度，进而改善北京市居民对于政府水价政策的满意度，从而降低政府水价。

具体可以是政府部门在制定新水价政策的同时，决策部门应选择向以低收入人群为代表的利益相关者通过媒体、高校等公信力高的渠道公开与居民利益紧密相关的信息，满足居民对决策信息的需求和参与公共决策的愿望，进一步放开听证会的人数限制，拓宽代表选择渠道，进一步加强建设政府与居民的信息沟通机制，将使政府决策更加符合民众需求和愿望，提高居民对于新政策的满意度，有助于推动政策的实施，保障政策的有效性。

5.2.2 利用新媒体优势，建立新型对话式信息公开平台

结合媒体优势和政府职能，尝试建立新型可对话式信息公开平台。随着信息化大数据时代到来，水价制定部门应充分利用新平台进行信息公开，而就我们看到的，北京市水务局尚未建立微博等居民常用平台账户，而广州、上海等一线城市均已申请账户。政府部门重视新平台的建立，将提高居民对获得的信息的信心，同时同一信息公开保持相同口径（现今水利方面的数据环保部和水利部就时常有两种说法），号召居民自行转发，保证信息在传递过程中初始信息不丢失，减小因居民自传播而带来的虚假信息混淆，保证了信息的透明度。同时因为居民可通过微博、微信等网络公众平台甚至网络自媒体，对相关信息直接回复，所以政府能够在信息公开时进行交流，进一步了解居民对于相关信息的需求，有助于及时调整信息公开的方向和内容，同时能够收集居民对于信息的反馈，有利于减少政策实施的阻力。

5.2.3 尝试跨地域信息获取和信息交流新机制保证信息公开的充分和全面性

通过三种程度信息公开，居民支付意愿的变化我们可以看到，了解到更充分的信息有助于居民理智调节支付意愿，这也是我们希望看到的，但这只是解决了北京市当地的供水居民接受问题，南水北调中线工程作为跨流域调水的大型工程，相关的利益方涉及水源地、输水通过地去和受水地区等多个方面，相关的信息也同时来源于多个地方和渠道，能否保证公开信息的充分和全面性是有关政府部门面临的新一难题，官方渠道在收集获取信息时，容易忽略负面和底层人群的相关信息，如何有效保障此类信息在公开时不缺失是政府部门急需解决的问题核心，否则面对突然爆发出来的政府缺失报道的负面新闻，居民极易对政府的信息公开失去信息。而将新兴的网络自媒体和政府部门的门户网站结合在一起是笔者初步提出的一项解决方案，详细实施方案还需要政府和专家进一步调查论证。

5.3 结论

当南水北调中线工程在 2014 年汛后通水后，面对跨流域远调而来的丹江水，决策部门或将面临着新一轮的水价调整。在目前不完全市场环境下，我们希望的不仅仅是能够做到尽可能的信息公开，也希望能做到更深一步、更具针对性的信息交流，从而实现居民对于信息获取水平的提高，并培养居民信息获取的习惯（当今中国居民的较低信息获取水平，居民本身的习惯和素质也有着不可推卸的责任），网络时代为这种跨地域的信息交流提供了可能，只有居民之间形成信息交流，才能从信息公开的一个个点，扩散到连接成网，逐渐消除市场的不完全性，使得居民的支付意愿可以完全依照成本、稀有性和政策变化合理调整，通过一步步寻找次优方案，最终实现"真空经济学模型"中提到的市场最优，同时也保护了政府的决策，真正使得居民疑问消除。

参考文献

[1] 陈永国, 钟杨.公务服务、政府管理对政府公信力的影响[J]. 上海交通大学学报(哲学社会科学版), 2012, 20(3): 16-23.

[2] 张成福, 孟庆存.重建政府与公民的信任关系[J]. 国家行政学院学报, 2003 (3): 79-82.

[3] 褚松燕.我国政府信息公开的现状分析与思考[J]. 新视野.2003 (3): 16-19.

[4] 刘恒.政府信息公开制度[M]. 北京: 中国社会科学出版社, 2004: 53.

[5] 周健、赖茂生.政府信息开放与立法研究[J]. 情报学报, 2001 (6): 25-28.

[6] 韩大元, 姚西科.试论行政机关公开公共信息的理论基础[J].河南省政法管理管理干部学院学报, 2001 (2): 53-56 .

[7] 颜海.政府信息公开理论与实践[M]. 湖北: 武汉大学出版社, 2008:46.

[8] 俞澄生.南水北调工程的必要性和主要建设项目[J]. 长江水利教育, 1994(4).

南水北调东线一期工程通水后山东省水价制度的探讨

张立国　张军　刘国印

（山东省水利勘测设计院）

摘　要： 根据国家发展和改革委员会《关于南水北调东线一期主体工程运行初期供水价格政策的通知》（[2014]30 号），东线一期主体工程实行基本水价和计量水价相结合的两部制水价，高昂的水价目前已影响了受水区的用水计划。为了提高使用长江水的积极性，促进水资源的合理配置和高效利用，建立一种能满足供需双方利益的水价制度和统一的水价政策尤为重要。

关键词： 两部制水价；统一价格；水资源优化配置

山东省人均水资源占有量只有 $322m^3$，不足全国人均水平的 1/6，属于资源型缺水地区，2013 年南水北调东线一期工程正式建成通水，长江水、黄河水将成为山东省水资源开发利用不可或缺的一部分。但是一方面，当地水价偏低、水量计价较为单一，供水经营者的正常运行不能保障，水资源浪费和紧缺的矛盾局面一直存在。另一方面，高昂的长江水价已影响了受水区的用水积极性。因此，建立一种能满足供需双方利益的水价制度和统一的水价政策，对提高外调水使用的积极性，促进水资源的合理配置和高效利用，实现水资源的可持续利用尤为重要。

1　两部制水价制度

1.1　基本模式

两部制水价是将由供水生产成本、费用、利润和税金构成的供水价格分成基本水价和计量水价的一种计价方式，是成本分摊定价的一种形式，包括两个部分，第一部分是无论消费量多少，必须要交的固定费用；第二部分是按实际使用量支付的"从量费"。因此，两部制水价是定额收费和从量收费的合一。[1]

按照《水利工程供水价格管理办法》和《城市供水价格管理办法》等相关规定以及有关工程的执行情况，两部制水价可分为三种模式：第一种是容量水价和计量水价相结合的两部制水价；第二种是基本水价和计量水价相结合的两部制水价；第三种是基本水费与计量水价相结合的两部制水价。

（1）容量水价和计量水价相结合的两部制水价。《城市供水价格管理办法》第十二条规定：容量水费用于补偿供水的固定资产成本，计量水费用于补偿供水的运营成本。容量水价按年固定资产折旧、年固定资产投资利息和年制水能力计算，计量水价按扣除固定资产折旧和固定资产投资贷款利息以外的成本费用和实际用水量计算。

计算公式如下：

$$容量水费 = 年固定资产折旧 + 年固定资产投资利息$$

$$容量水价 = \frac{容量水费}{设计供水量}$$

$$计量水价 = \frac{成本 + 费用 + 税金 + 利润 - 容量水费}{实际供水量}$$

$$两部制水价 = 容量水价 + 计量水价$$

$$计量水费 = 计量水价 \times 年实际供水量$$

$$两部制水价计量 = 容量水费 + 计量水费$$

这种模式无论是否用水均需支付容量水费，实际用水需另外支付水费。

（2）基本水价和计量水价相结合的两部制水价。《水利工程供水价格管理办法》规定：基本水价按补偿供水直接工资、管理费用和 50% 的折旧费、修理费的原则核定；计量水价按补偿基本水价以外的水资源费、材料费等其他成本、费用以及计入规定利润和税金的原则核定。

$$两部制水价 = 基本水价 + 计量水价$$

$$基本水费 = 直接工资 + 管理费 + 0.5 \times（折旧费 + 修理费）$$

$$基本水价 = \frac{基本水费}{设计供水量（或基本水量）}$$

$$计量水价 = \frac{供水总成本费用 - 基本水费 + 税金 + 利润}{实际供水量}$$

$$计量水费 = 计量水价 \times 年实际供水量$$

$$两部制水价计费 = 基本水费 + 计量水费$$

这种模式也是无论是否用水，均需支付基本水费，实际用水需另外支付计量水费，与模式一的区别在于基本水费和计量水费的成本构成上有所不同。

（3）基本水费与计量水价相结合的两部制水价。

$$基本水费 = 直接工资 + 管理费 + K_1 \times 折旧费 + K_2 修理费$$

$$计量水费 = 供水总成本费用 - 基本水费 + 税金 + 利润$$

$$基本水价 = \frac{基本水费}{基本水量}$$

$$计量水价 = \frac{计量水费}{计量水量}$$

$$计量水量 = 实际供水量 - 基本水量$$

$$两部制水费 = 基本水费 + 计量水费$$

$$= 基本水费 + 计量水价 \times 计量水量$$

式中：K_1 为折旧费计入系数，为了保证工程的正常运行和供水企业的合理收益，考虑水利工程的公益性和投资主体的不同，该系数不大于企业自主投资占总投资的比例；K_2 为修理费计入系数，水利工程的大维修几年进行一次，且运行初期维修费用较少，该系数可同模式二，取 0.5。

这种模式下供水经营者每年向用户提供一定数量的基本水量，用水户支付相应的基本水费，在基本用水量范围之内，无论用多少水都需支付相同的基本水费，用水超出基本水量后，再按超过的水量和计量水价缴纳计量水费。

1.2　两部制水价的模式分析

从三种两部制水机模式的定义来看，其实质和目的都是对供水工程成本补偿的不同方式，达到供水单位生产补偿费用和用水户负担费用在年际之间均衡的目的[2]。

模式一和模式二无论用户是否用水，均需支付基本水费，也就是支付了基本水费，但是不能得到用水，实际用水需另外支付计量水费，两种模式的不同只是对基本水费和计量水费的成本构成上有所不同。从水利工程特点来看，供水工程的修理费包括大修理费和日常修理费，其中大修理费是指对固定资产的主要部分进行彻底检修或更新，恢复固定资产的原有性能，每隔几年才会进行一次，一般将大修理费平均分摊到每年，积累几年后集中使用。折旧费是对固定资产磨损和损耗价值的补偿。考虑水利工程的基础性和公益性，水利工程建设投资或者改扩建投资有很大一部分需要各级政府财政补助。因此，对供水企业来说，在保证直接工资、管理费用和日常维护费的基础上，固定成本中合理提取折旧和维护费用就能够保证工程的正常运行。对于南水北调这种跨流域调水工程来说，工程规模大，占线长，具有较强的社会公益性，从成本补偿和工程运行管理的角度来说，更适合模式二，即基本水价和计量水价相结合的两部制水价。但是从模式二的计价和收费方式上来说，用户支付了基本水费，但是不能得到用水，对用水户的心理接受和支付意愿产生不利影响；如果出现计量水价比当地水价还要高的情况下，用水户即使付出了基本水费，也会选择其他水源，这样无论是对国家、用水户还是供水工程本身都将是极大的损失，对水资源优化配置的作用不是很大。

模式三成本补偿的费用构成与模式二相似，能够确保供水单位的基本运行，而对用水户来说，用水户在付出基本水费的同时，可以用到基本水量，可以充分调动用水户利用工程供水的积极性。另外，用户支付基本水费后，用户都会关心用水，节约用水，合理定制用水需求，使总水费支出最小，这样既可以达到节约用水的目的，又避免了工程的"闲置"，在发挥工程效益的同时，又兼顾了供水单位和用水户双方的利益。另外，水利工程经济寿命较长，随着国家对水价制定的进一步完善和用水户用水需求的进一步稳定，工程效益和供水单位的收益也将逐步提高。

2014 年 1 月，国家发展和改革委员会以发改价格[2014]30 号发布了《关于南水北调东线一期主体工程运行初期供水价格政策的通知》（以下简称《通知》），《通知》提出东线一期主体工程实行基本水价和计量水价相结合的两部制水价，基本水价按照合理偿还贷款本息、适当补偿工程基本运行维护费用的原则制定，计量水价按补偿基本水价以外的其他成本费用以及计入规定税金的原则制定。按照这种计价模式，一滴水不用，每年都需支付上10亿元的基本水费，这种情况已经影响了用水区的用水计划，在山东上报水利部2014年的调水计划中，仅有济南、枣庄、青岛、潍坊、淄博5个城市上报了调水计划，总计7750万 m^3，远低于承诺多年平均调水总量应为5.12亿 m^3。此外，济宁、菏泽、滨州、东营等8个城市原定的多年平均计划调水量总计9.55亿 m^3 左右，目前均无调水安排。

南水北调是国家战略性工程，目标是实现水资源的优化配置，但高昂的水价目前已影响了受水区的用水计划，因此，模式三即基本水费与计量水价相结合的两部制水价可以作为一种长效机制，这样既兼顾了供、需双方的利益，又可以增强用水户使用长江水的积极性，保证工程的良性运行和效益的长期发挥，促进水资源的优化配置和高效利用。

2 统一水价制度

2.1 水资源的供、需主体分析

山东省水资源严重短缺，黄河水、长江水等客水资源成为水资源开发利用中的重要组成部分。但无论当地水还是客水都必须进入当地的供水系统，统一配置。以供水企业为中间环节，之前视为水源工程（原水），之后为终端用户。

供水系统流程示意图如图1所示。

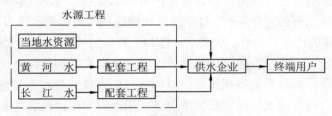

图1　供水系统流程示意图

对水源工程说，由于建设条件和运行条件的不同，运行成本也会不同，与当地水资源开发相比，调水工程投资大，运行成本高。为了保证工程的良性运行和自身利益，以低于其成本的原水价格供水是不合理的，也是不情愿的。

对终端用户来说，无论是当地水资源还是客水资源，都要进入当地水网统一供给配置，无论哪种水源只能采用统一标准，否则都会选择低价水。

对中间环节供水企业来说，更愿意购买低价的水源，但是受当地水资源条件的制约，当地水资源可利用量是有限的，必须消纳一部分客水资源，而高价购买昂贵的水源又会提高自己的成本。因此，既要满足水资源的合理配置，又要保证终端用户的公平公正，还要满足自身的合理利益，权衡利弊只能对进入水网后，对终端用户统一定价，水源成本平均分摊。

2.2 多水源工程的统一价格体系

供水水价主要由供水成本、利润和税金组成。当不同水源进入区域供水系统以后，由供水企业统一分配，供水成本主要包括原水费、电费、资产折旧费、修理费、直接工资、水质检测等。将各种水源成本统一看做原水费 C_w，将电费、修理费、直接工资、水质检测费等看作其他成本费用 C_o，在规模一定的情况下，不同的水源对其他成本 C_o 影响变化相对较小，但对原水费造成的影响较大，对终端用户也会产生较大影响。因此在多水源工程的条件下，根据不同水源的成本和水量，对终端用户制定统一的原水价格标准，统一终端水价。

可用以下公式表示：

$$C_w = \frac{\sum_{i=1}^{n} Q_i C_{wi}}{Q}$$

式中：C_w 为原水费；C_{wi} 为水源 i 工程的原水费；Q_i 为水源 i 工程的供水量；Q 为各种水源的总水量。

2.3 建立水资源高效利用下的优质优价制度

优质优价不仅要体现在水资源开发投入的成本方面，更重要的是体现在公共安全、资源保护以及对生态环境的影响。从山东省 2012 年用水结构来看，当地地表水供水 65.27 亿 m^3，占总供水量的 29.43%；地下水 89.26 亿 m^3，占总供水量的 40.25%；引黄水量 60.85 亿 m^3，占总供水量的 27.44%；其他水源 6.41 亿 m^3，占总供水量的 2.89%。对于地下水来说，过度开采对生态环境的影响很大，易形成地下水漏斗区，引发了严重的生态环境问题，而这种环境修复的周期长、成本大，因此，在地下水水源价格制定方面，更多方面应考虑地下水开采的负外部性，体现出生态环境修复的难度。再生水利用方面，提高了水资源的利用效率，促进了水资源的节约。因此，再生水价格方面，更应该考虑再生水利用的正外部性，体现出水资源的循环利用和节约贡献。

水价改革的目的是实现水资源的优化配置和高效利用。随着南水北调东线一期工程的建成通水，在当地地表水、黄河水和长江水等多种水源统一标准的基础上，从水资源的开发管理和对生态环境的影响角度方面，在原水的价格上体现出优质优价，制定不同的价格政策，发挥水价在水资源开发管理和配置中的杠杆作用，引导企业和用户开发利用水资源，促进水资源的优化配置。

可采用统一标准后的扩大系数法区分对待：

$$C_G = K_1 C_w$$
$$C_S = K_2 C_w$$

式中：C_w 为多水源工程统一标准后水源价格；C_G 为地下水水源价格；C_S 为再生水水源价格；K_1 为地下水水源价格系数，可根据当地水资源情况取 1.3～1.5；K_2 为再生水水源价格系数，可根据当地水资源情况取 0.5～0.7。

以济南市为例，济南市目前的供水水源为黄河水、地表水和地下水，2012 年济南市供供水量为 17.53 亿 m^3，其中当地地表水 3.52 亿 m^3，引黄水 6.58 亿 m^3，地下水 6.69 亿 m^3，其他水 0.74 亿 m^3。目前当地水利工程（非农业供水）的原水费为 0.35 元/m^3，黄河水为

0.44 元/m³，地下水为 0.2 元/m³。南水北调东线一期工程规划给济南市调长江水 0.78 亿 m³，根据南水北调干线工程和配套工程规划测算，长江水到达济南后原水费将达到 2.32 元/m³，以现状水价为基础，按照以上分析，考虑南水北调一期长江水进入济南市供水水网以后的非农业统一水价标准为 0.466 元/m³。

济南市区域原水价格统一测算详见表 1。

表 1 　　　　　　　　　　　　济南市区域原水价格统一测算表

水源	黄河水	当地地表水	地下水	其他水	长江水	合计
供水总量/亿 m³	6.58	3.52	6.69	0.74	0.78	18.31
扣除灌溉/亿 m³	2.08	2.66	3.32	0.74	0.78	9.58
原水价格/(元/m³)	0.44	0.35	0.2	0.2	2.32	
水费/亿元	0.92	0.93	0.66	0.15	1.81	4.47
综合水价/(元/m³)						0.466

地下水按照统一标准的扩大系数法考虑，地下水的原水价格标准取 0.61~0.7 元/m³，非常规水原水价格标准为 0.23~0.33 元/m³。

济南市目前的城市生活水价为 3.15 元/m³，其中基本水价 1.85 元/m³；工业供水 4 元/m³，其中基本水价 2.5 元/m³，由以上的分析看出，采用统一价格后，原水费作为基本水价的一部分，对城市终端水价的影响相对较小。

综上分析，通过成本分摊可大大降低南水北调的水价用户的影响，提高受水区使用长江水的积极性，另一方面，通过相应的限制或鼓励政策，发挥价格杠杆作用，可以有效制约用水企业对地下水的开采，鼓励用户对再生水的利用，实现水资源的合理配置和高效利用。

参考文献

[1] 郑通汉，王文生. 水利工程供水价格核算研究[M]. 北京：中国水利水电出版社，2008.
[2] 张军，王华，董温荣，等. 南水北调供水两部制水价模式探讨[J]. 水利经济，2006.

水资源费征收标准调整对江西省经济社会影响研究

邓 坤[1]　张璇[2]　王敬斌[1]　成静清[1]

（1. 江西省水利科学研究院；2. 江西水利职业学院）

摘 要：在对全省各级水利部门走访调研和对有代表性的行业企业用水情况调查的基础上，摸清了江西省当前水资源费现状和存在的主要问题，分析了水资源费调整对主要用水行业、城市居民用水、水行政主管部门和经济社会发展产生的影响，提出相应的对策措施，有利于全省国民经济健康平稳发展。

关键词：水资源费；征收标准；调整；影响

1 引言

1997 年 12 月 30 日，江西省省政府颁布《江西省水资源费征收管理办法》（省政府令第 60 号），从 1998 年开始征收水资源费[1]。实行水资源有偿使用制度，对促进江西省水资源节约、保护和高效利用发挥了积极作用。

江西省水资源费征收标准出台后十多年未调整，征收标准较低（1～2.5 分/m³），难以适应实行最严格水资源管理制度的要求。经过近三年调研和论证，2013 年 7 月，经省政府同意，《江西省发改委 江西省财政厅 江西省水利厅关于调整全省水资源费征收标准的通知》（赣发改收费[2013]175 号）出台，从 2013 年 9 月 1 日起分三年逐步将江西省水资源费平均征收标准调整到国家规定的最低标准（地表水 0.10 元/m³、地下水 0.20 元/m³）。这是江西省首次调整水资源费标准，相对幅度较大，影响也较大。

因此，分析水资源费征收标准调整对全省经济社会发展产生的影响，并提出消除不利影响的措施，以达到保障江西省国民经济健康平稳发展和加强水资源费征收使用监督管理的作用。

2 水资源费征收使用调研情况

调研组通过发放问卷和座谈等形式对全省市、县两级水利部门进行调研；选取省内相关行业 20 家典型取用水户进行实地走访和座谈，还要求各设区市内另选 2～3 家取用水户进行调查。

此次调研对象涉及全省 11 个设区市和 98% 的县（市、区）水利（水务）局；调研的用水行业既包括火电、造纸、石化、冶金等高耗水、高污染行业，也包括纺织、建材等一般耗水户，并考虑了江西省特色行业陶瓷业，同时对水电站和水厂等取用水量大的企业进行了重点调研，基本涵盖了江西省经济社会各用水行业，具有较强的代表性和典型性。

3 我省水资源费征收使用中存在的问题

3.1 水资源费征收存在的主要问题

征收水资源费是贯彻国家水资源有偿使用制度，促进水资源可持续利用，保障经济社会发展的有效措施。江西省自 1998 年开始征收水资源费，通过对全省 11 个地级市水资源费征收管理情况的调研和分析，水资源费征收中依然存在以下问题[2,3]：

（1）部分用水户对水资源有偿使用制度认识不足，水资源费一直未能足额征收。新标准实施后，获得了大部分取水户的理解和认同，但也有小部分企业即使本次水资源费调整对其效益基本无影响，也不愿意缴纳水资源费，存在抵触情绪。截至 2014 年 2 月底，省管取水户除小部分自来水企业申请缓缴外，绝大部分企业已按新标准及时缴纳到位。

（2）部分地区存在行政干预水资源费征收现象。为发展经济，部分市县政府在招商引资过程中，承诺无偿提供水资源或降低水资源费征收标准，并出台一系列优惠政策，给水资源管理与水资源费征收造成一定障碍。

（3）水行政执法力度不够。水行政主管部门工作经费不足，水行政执法机构不健全，工作人员少，执法人员整体素质有待提高，管理和执法权威性不高。水资源管理法律法规和水资源费征收宣传不够，取用水户对水资源费征收标准调整的必要性认识不到位。打击非法取水力度不够。

（4）水资源管理基础设施薄弱，取用水户取水计量率不到 20%，农业用水基本无计划、不计量，造成一些地方水资源费征收随意性较大。

3.2 水资源费使用中存在的问题

根据调查，江西省水资源费使用主要存在两个方面问题：一方面水资源节约、保护及管理经费严重不足；另一方面水资源费挪用现象严重，水资源费上交本级财政后，很大一部分被财政统筹，未用于水资源的管理、节约、保护和合理开发。

4 分析结论

4.1 对主要用水行业的影响

据省政府有关文件，水资源费按实际取水量或发电量征收，火电和水电行业按照实际发电量确定水资源费，其他行业按取水量征收水资源费。本研究以 2012 年这些企业的成本、用水量为依据，计算水资源费标准分调整后占生产成本的比例，评估水资源费上涨对江西省各行业经济效益的可能影响[4]。典型工企业水资源费调整占企业成本的比率见表 1 和表 2。分析表 1 和表 2，得出以下结论：

表1   2012 年典型工企业水资源费调整占企业成本的比率

行业	企业	生产成本/万元	取水量/万 m³	现状水资源费/万元	1997 年征收标准	2015 年 9 月征收标准	水源类别
					水资源费/生产成本/%		
水厂	江西洪城水业股份有限公司	23026	24800	248	1.08	8.62	地表水
	新余水务集团有限公司	3397	2308	23.1	0.68	5.44	
	鹰潭市供水有限公司	1771	2021	20.9	1.18	9.44	
	萍乡市湘东区自来水公司	730	720	2	0.27	7.89	
	铅山县银龙水务有限公司	399	289	3	0.75	5.8	
	鄱阳县凰岗镇自来水厂	6.3	2.9	0.2	3.17	3.7	
	鄱阳县团林乡自来水厂	11	9.8	0.35	3.18	7.1	
纺织	江西华源江纺有限公司	27097	120	1.97	0.007	0.061	
	抚州市环球纺织有限公司	47000	7.5	0.11	0.0002	0.0019	
造纸	江西晨鸣纸业有限责任公司	147807	6298	59.5	0.04	0.51	
	赣州华劲纸业有限公司	35179	358	5.38	0.015	0.12	
石化	赛得利（江西）化纤有限公司	160000	2033	30.5	0.019	0.15	
	江西省双强化工有限公司	29478	404.1	6.06	0.021	0.16	
	景德镇市焦化工业集团有限责任公司	980000	519.3	9.01	0.0009	0.0127	地下水
冶金	江西方大特钢科技股份有限公司	1262025	112	2.8	0.0002	0.0021	地表水
	江西萍钢实业股份有限公司九江分公司	3720	1162	22.5	0.6	3.75	
	萍乡萍钢安源钢铁公司	2786	822	12.3	0.44	3.54	
	新余钢铁有限责任公司	4200000	5492	82.4	0.002	0.0157	
医药	江西制药有限责任公司	16470	43.2	1.08	0.007	0.063	地下水
采掘	江西铜业股份有限公司德兴铜矿	193932	4035	60.5	0.0312	0.25	
	江西金山矿业有限公司	15000	280	2.4	0.016	0.22	地表水
建材	江西亚东水泥有限公司	448000	194	2.91	0.0006	0.0052	
	景德镇市卡地克陶瓷有限公司	6200	120	0.7	0.011	0.09	
食品	南昌娃哈哈饮用水有限公司	81	2.2	0.05	0.0673	0.65	地下水
	江西新余市龙施泉饮料有限公司	80	1	0.03	0.0313	0.3	
	宜春九鼎牧业有限公司	20932	3	0.03	0.0001	0.002	地表水
建筑业	江西中寰（红谷滩）医院	4200	60	1.5	0.036	0.14	地下水
服务业	江西天泉康体实业有限公司	560	36	0.9	0.16	0.64	

注　现状水资源费为企业上报数据，新标准执行后的水资源费为按实际取水量测算数据。

表2 2012年典型企业工业（水电和火电行业）水资源费调整占企业成本的比率

行业	企业	生产成本/万元	发电量/(万 kW·h)	现状水资源费/万元	1997年征收标准	2015年9月征收标准	水源类别
					水资源费/生产成本/%		
水电	江西省电力公司柘林水电厂	35061	92266	138	0.39	0.79	
	中电投江西电力有限公司	2947	12701	19.1	0.65	1.29	
	江口水电厂						
	国电万安水力发电厂	63080	166000	249	0.65	0.79	
	靖安县小湾水电厂	280	2353	3.5	1.26	2.52	
火电	国电丰城发电有限公司	206252	580333	871	0.42	0.84	地表水
	江西赣能股份有限公司丰城二期发电厂	227048	525240	788	0.35	0.69	
	华能瑞金发电有限责任公司	121598	247500	371	0.31	0.61	
	江西电力有限公司景德镇发电厂	227043	448807	673	0.3	0.6	
	江西分宜第二发电有限责任公司	101465	0	216	0.23	0.46	
	萍乡市高坑发电厂	3750	6200	9.3	0.25	0.51	
	江西万载凯迪生物质发电厂	750	1066.7	1.6	0.21	0.43	

（1）对电力企业的影响。电力企业是江西省水资源费缴纳大户，其中火电企业缴纳的水资源费占全省征收总额的80%以上。本次标准调整后，采用闭式循环冷却的火电企业水资源费征收标准维持原来的 0.0015 元/(kW·h)不变；采用开式直流冷却的火电企业和水电企业水资源费征收标准，由原来 0.0015 元/(kW·h)分三步提高到 2015 年的 0.003 元/(kW·h)。目前，该省 17 家火电企业中，仅国电丰城发电有限公司、江西赣能股份有限公司丰城二期发电厂等 5 家采用直流冷却，受水资源费标准调整影响的火电企业不到 1/3，且火电企业生产成本主要受煤炭价格影响。调研的火电企业中，国电丰城发电有限公司水资源费占成本比重最高，经测算，标准调整前为 0.42%，2015 年 9 月后为 0.84%。调研的 4 家水电厂中，柘林、万安水电厂水资源费占生产成本比例，经测算，调整前为 0.39% 和 0.65%，2015 年 9 月后为 0.79%；江口、小湾水电厂水资源费占生产成本比例，经测算，调整前为 0.65% 和 1.26%，2015 年 9 月为 1.29% 和 2.52%。因此，本次水资源费调整对电力企业基本无影响。

（2）对供水企业的影响。调研的 7 家供水企业，根据管理水平不同，水资源费占生产成本比例，经测算，调整前在 0.27%～3.18%之间，2015 年 9 月后在 3.7%～9.44%之间，受影响较大。

（3）对冶金行业的影响。调研的 4 家钢铁企业中，江西方大特钢科技股份有限公司和新余钢铁有限责任公司的水资源费占生产成本比例很低，按照 2015 年 9 月征收标准后也仅为 0.0011% 和 0.01569%；萍钢安源分公司和九江分公司上缴的水资源费所占生产成本比例，经测算，调整前分别为 0.6% 和 0.44%，2015 年 9 月后分别为 3.75% 和 3.54%，对钢铁企业影响不大。

（4）对其他行业的影响。其他用水行业按 2015 年 9 月征收标准测算后，水资源费占企业生产成本的比例都较小，均在 1% 以下；其中 2 家食品企业比例稍高，分别为 0.646% 和 0.30%；其次是服务业、造纸业和采掘业，比例在 0.2%～0.6% 之间；纺织业和石化业比例在 0.1%～0.5% 之间，建筑业比例为 0.143%；医药、建材所占比例最小，低于 0.1%。以上分析说明，纺织业、造纸业、石化业、医药业、采掘业、建材业、建筑业、食品业和服务业的经济效益基本不受此次水资源费征收标准调整的影响。

以调研的用水企业 2012 年生产成本和用水量为依据，计算水资源费征收标准分步调整后占生产成本的比例，评估调整对江西省各行业经济效益的影响，得出以下结论：此次调整虽然提高幅度较大，但绝对数不大，且水资源费在成本中所占比例较小，因此对绝大多数行业经济效益影响较小，在可承受范围内。目前仅对供水企业效益的影响较为明显，但完全可通过加强企业内部管理和加大节水技术改造等措施，减小或消除其影响。

4.2 对城市居民生活的影响

全省城市居民用水主要水源为地表水，水资源费征收标准由原来的 0.01 元/m³，分别提高到 2013 年（9 月 1 日后）的 0.04 元/m³、2014 年（9 月 1 日后）的 0.06 元/m³ 和 2015 年（9 月 1 日后）的 0.08 元/m³。根据《江西省城市生活用水定额》规定，全省城市居民生活用水定额最高标准（特大城市）为 180～220L/(人·d)，按照 220L/(人·d)测算，水资源费调整到 2015 年标准后，在仅考虑自来水公司因水资源费上涨提高自来水单价的情况下，全省城市居民每人每天因水资源费（地表水）调整而多支出的费用最多为 0.0154 元，一年为 5.621 元。可见，居民生活用水基本不受影响。

4.3 对水行政主管部门影响

（1）水资源费标准调整后，各级水行政主管部门以此为契机，大力宣传取水许可管理与依法缴纳水资源费概念，提高了各级水行政主管部门水行政执法能力。

（2）提高水资源费征收标准后，用于水资源管理的经费可相应增加，可更多用于解决水资源节约、保护和管理等方面工作，对加强水资源管理将起到积极作用。

4.4 对经济社会发展影响

（1）此次调整水资源费征收标准，能一定程度上促进企业节约用水[5]，并减少相应排污量，对落实最严格水资源管理"三条红线"控制指标具有促进作用；还可促使企业进行节水改造，推动节水型社会建设和工业产业结构升级。

（2）这次调整水资源费征收标准，与十八届三中全会精神相符合，能使市场在水资源配置中的作用得到更好发挥，有利于发挥经济杠杆调控社会水循环功能，促进江西省生产力优化布局和产业升级，推动经济社会与水资源水环境承载力协调发展。

5 对策与建议

针对江西省水资源费征收使用中存在的问题，以及此次水资源费标准调整后产生的影响，提出如下建议与对策。

5.1 政府相关部门

（1）利用水资源费征收标准调整机会，加强省情水情宣传教育，提高社会公众惜水、节水、护水的认识和自觉性[6]，促进各级政府加强水资源管理、足额征收水资源费并主要用于当地水资源管理与保护，尤其是加大水资源节约和保护的投入力度。

（2）大力推行计划用水和水资源费累进加价制度，强化工业企业节水意识，自觉节水并推广节水技术和设施设备，促进降低用水成本，减少排污和能源消耗，推动节水型社会建设。对节水工作开展较好的企业，可给予一定资金扶持和奖励。

（3）加强水资源费征收使用监督管理，对征收使用情况较好的地方给予一定奖励，对挤占、截留、挪用较严重的地方适当上收其水资源费征收权限。

（4）根据全省经济社会发展状况和水资源紧缺程度，建立水资源费标准适时调整机制。

5.2 企业及其他相关利益者

（1）对于水资源费上涨影响相对较大的供水企业，应加大市政管网改造力度，降低管网漏损率，并改进制水工艺，提高水资源利用率，以消化水资源费上涨造成的部分用水成本上涨。

（2）对于其他用水企业而言，应更新改进工艺方法和设备，改进工艺流程，提高水资源利用率；推行清洁生产，提高管理水平，加强管网巡检，减少跑、冒、漏、滴等现象。

（3）扩大非常规水源利用规模。省政府有关文件指出对取用中水免征水资源费，故鼓励企业利用雨水和经污水处理厂处理过的中水，用于厂区绿化、景观用水、消防用水和街道洒水等，减少新水取用量，并对使用情况较好的用水企业给予一定奖励。

参考文献

[1] 吴慕林. 江西省水资源费现状、存在的问题及其标准的科学确定[J].价格月刊，2003(2).

[2] 李林平. 水资源费征收存在问题及调整建议[J].山西水利，2006(3): 38-39.

[3] 朱英，代朝录，文萍. 水资源费征收过程中存在的问题及对策[J].价值工程，2012(4):311-312.

[4] 周长青，贾绍凤，刘昌明，等. 用水计划与水价对华北工业企业用水的影响——以河北省为例[J].地理研究，2006, 25(1): 103-111.

[5] 李慧娟，唐德善，张元教. 水价改革对国民经济影响研究[J].内蒙古水利，2005, 104(4): 98-99.

[6] 陈红卫. 水资源费调整后的新问题与对策探讨[J].中国水利，2005(18): 43-44.

南水北调中线工程运行初期供水水价政策建议

张艳红　　王策

（河北水务集团）

摘　要： 南水北调中线工程是跨流域、远距离调水工程，其供水定位是受水区城镇居民生活和工业用水，工程供水成本费用远高于当地水源，尤其是运行初期，受水区不能按计划指标消纳水量，加大了单位供水成本的费用，按照"两部制水价"的收费计费方式，地方水管单位难以承担财务费用，受水区切换水源的积极性会受到影响，工程效益难发挥且可能影响工程的正常运行。因此，工程运行初期制定科学合理的水价政策，是工程充分发挥预期效益和良性运行的关键。

关键词： 南水北调；运行初期；水价；建议

1　前言

南水北调中线工程是跨流域、跨省（直辖市）的特大型水利工程，是缓解我国北方水资源短缺局面的重大战略性工程，具有公益性和经营性双重功能，关系到今后经济社会可持续发展和子孙后代的长远利益。调水规模是综合考虑了北方受水区水资源供需状况和生态环境建设的要求。通水在即，用水权、各环节筹资方案已确定，供水成本费用明确，但工程供水水价政策还没具体确定。供水水价政策是关系到这一举世瞩目的重大水利工程能否可持续良性运行和发挥预期效益的关键。

2　南水北调中线工程概况

2.1　中线一期主体工程情况

2.1.1　供水规模

中线一期工程汛后通水，届时中线总干渠从丹江口水库陶岔引水，采用专用渠道引水到河南省、河北省、北京市、天津市等受水区，全线除北京境内有加压泵站外其他为自流输水，陶岔闸后设计流量 350 m³/s，加大流量 420 m³/s。通过总干渠上节制闸和分水口门进行输水和分水控制。全线共 97 个分水口门，多年平均口门总净分水量 79.49 亿 m³。其中河北省 41 个分水口门，多年平均分水量 30.40 亿 m³。

2.1.2　投资规模与筹资结构

2013 年国务院南水北调工程建设委员会第七次会议审议同意的中线一期主体工程总

投资 2528.82 亿元，其中，主体工程投资 2303.05 亿元，丹江口库区及上游水保环境项目和过渡性融资费用为 225.77 亿元。工程投资融资结构为中央预算内资金、南水北调基金、银行贷款、重大水利基金、地方自筹，比例分别为 13.80%、7.13%、16.09%、61.87%、1.11%。工程筹资结构以通过受水区省（直辖市）筹集南水北调基金和重大水利基金为主。

2.1.3 主体工程供水调度

中线一期工程水量由国务院水行政主管部门负责统一调度，丹江口水库和中线总干渠的水量调度分别由长江水利委员会和中线总干渠管理单位负责执行。总干渠与受水区省（直辖市）水量交接断面在总干渠各省（直辖市）分水口。工程按照全年调水，采用节制闸控制方式实行全线统一调度。丹江口水库按照正常蓄水位线、防洪调度线、降低供水线1、降低供水线2、限制供水线和极限消落水位线6条水位线，划分为加大供水区、保证供水区、降低供水区1、降低供水区2、限制供水区5个调度区。加大供水区、保证供水区能满足设计引水量规模，降低供水区1、降低供水区2和限制供水区时的调水规模分别低于 300 m^3/s、260 m^3/s 和 135 m^3/s。可见，南水北调中线一期工程供水不能满足受水区城市生活和工业稳定用水要求。

2.2 河北省配套工程简况

2.2.1 配套工程布置情况

河北省南水北调中线一期工程受水区覆盖 6.21 万 km^2，占全省国土面积的 33.06%，包括邯郸、邢台、保定、沧州、衡水 7 个设区市、92 各县（市、区）的 134 个供水目标。通过廊涿、保沧、石津、邢清四条跨市干渠和各市境内的输水管道工程，从中线干线 41 个分水口门把江水送到各供水目标（水厂）。水厂以上输水管、渠总长 2054km，其中，输水管道长 1781.1km、输水明渠长 180.8km 和输水箱涵 93.2km，建加压泵站 43 座，调压塔 2 座，节制闸 6 座等，由省政府负责筹融资、工程建设和运行管理。工程估算总投资约 296.8 亿元，计划 2014 年汛后与中线主体工程同期通水；水厂及以下配水管网工程，需新建和改扩建地表水厂 118 座，配水管网 3319km，由市县政府负责筹融资、工程建设和运行管理，估算新增投资 300 亿元。

2.2.2 配套工程投资与投资结构

水厂以上输水配套工程初步设计阶段总投资为 296.8 亿元。河北省政府财力紧张，主要依靠银行贷款和社会融资。根据省政府的筹资方案资本金占 40%，银行贷款占 60%。资本金中 50 亿元来自社会融资，剩余资本金省本级以上财政筹资占 70%，受水区各县（市、区）财政筹资占 30%。

按照省政府确定的建设规划，水厂及以下配水管网由受水区各县（市、区）政府组织筹资建设。由于受水区各县（市、区）建设管理机构不同、财力差异较大等原因，采取的建设筹资方式、责任管理单位和责任主体不同，有政府主导的，有水务部门、市政系统或建设部门负责的，筹资方式多采取 BOT、BT 等建设。

2.2.3 配套工程调度管理

从中线干线分水口门到各受水目标水厂或企业，水量配置和计划由河北省水行政主管部门负责。河北省根据干线供水配置方案，确定了受水区现有水利工程供水应急备用、当地地下水源井封而不废、必要时上游六座大中型水库参与配置的策略，保证供水目标安全用水。

河北水务集团作为配套工程项目的法人负责执行引江水调度计划和通过配套工程配送的水库引调水计划，各县（市、区）供水管理单位负责执行当地水的供水计划。

3 受水区运行初期可切换水量分析

3.1 受水区现状供用水量

根据《河北省水资源公报》统计受水区 2012 年用水量为 20.2 亿 m³，其中，城镇居民生活用水量 5.25 亿 m³、公共事业用水量 2.50 亿 m³、工业用水量 12.45 亿 m³。产业结构调整趋势表明近期工业用水量不会大幅度增加；城市化发展，城镇居民和公共事业用水量是缓慢稳定增长的趋势。因此，引江水供水目标用水量相对稳定。

3.2 受水区水源切换能力分析

由于规划早，受水区各供水目标发展不平衡，有 30 个供水目标现状用水量不足引江水指标 50%，用水量占总引江水量的 29.98%；有 31 个供水目标现状用水量为引江水指标 50%~65%，用水量占总引江水量的 36.62%；有 35 个供水目标现状用水量为引江水指标 65%~100%，用水量占总引江水量的 19.92%；38 个供水目标现状用水量大于引江水量，水量占总引江水量的 13.49%。综合分析，在配套工程建设完善、引江水供水稳定等理想的条件下，受水区近期可切换引江水量为 18.96 亿 m³，占多年平均引江水量的 62.38%。

3.3 受水区水价现状和承受能力

河北省南水北调受水区现状 7 个设区市市区供水综合水价为 4.37 元/m³（包括污水处理费 0.92 元/m³ 和水资源费 0.40 元/m³）。其中，居民生活水价 3.63 元/m³，非居民水价 5.07 元/m³，特种行业水价 22.62 元/m³。受水区县级城市供水综合水价为 3.12 元/m³（包括污水处理费 0.85 元/m³ 和水资源费 0.38 元/m³）。其中，居民生活水价 2.38 元/m³，非居民水价 4.18 元/m³，特种行业水价 9.56 元/m³。

统计河北省 21 座典型水库现状供水成本与执行水价情况得出，平均供工业和城镇的供水成本分别为 0.941 元/m³ 和 1.25 元/m³，实际执行供水价格分别为 0.811 元/m³ 和 0.468 元/m³。全省农村集中供水的成本平均为 2.15 元/m³，供水水价平均为 1.89 元/m³。

根据《河北省南水北调受水区用户水价承受能力研究报告》，河北省 2010 年受水区用户对水价承受能力为：工业 4.0 元/m³、居民生活 4.5 元/m³；2012 年 7 月国家发改委价格司测算南水北调受水区用水户承受水价能力时得出，2013 年居民承受水价为 5.8 元/m³、工业承受水价为 5.9 元/m³、综合平均为 5.9 元/m³；2014 年 6 月国家发展和改革委员会办公厅征求水价意见时，对河北省测算的南水北调受水区用水户水价承受能力为居民 6.3 元/m³、工业 7.1 元/m³、综合平均 6.7 元/m³。尽管测算的用户对水价承受能力越来越高，但是，现状水价调整难度很大，不仅是河北省，其他省（直辖市）的水价调整也很艰难。

4 南水北调供水价格制定的依据和测算结果

4.1 水价测算的依据和定价原则

2002 年国务院批复的《南水北调工程总体规划》确定工程供水价格测算的原则为"还贷、保本、微利"。2008 国务院批复的《南水北调中线一期工程可行性研究总报告》(以下简称《总可研》)明确"南水北调中线一期工程兼有公益性和经营性,工程水价要满足偿还贷款本息、保证工程正常运行,并充分考虑用水户承受能力"。因此,中线一期主体工程运行初期水价政策应按《总可研》明确的"还贷、运行"水价;省级配套工程水价核定基本遵循主体工程定价原则,同时考虑地方筹融资特点,总体上水价制定应遵循补偿还贷和保证运行的原则;终端用户水价,结合城镇阶梯水价改革,水价调整应与南水北调中线工程供水水价接轨,保证供水管理单位能正常运行。

4.2 价格水平

4.2.1 中线主体工程水价

2008 年中线主体工程《总可研》阶段测算的河北省干线口门水价是 1.107 元/m³,并确定执行两部制水价。 2014 年 6 月"国家发展改革委办公厅关于征求《南水北调中线一期主体工程运行初期供水价格政策安排意见》意见的函"(发改价格[2014]1426 号),按照三种口径水价,即成本加利润水价(资本金利润率 1%)、全成本水价和运行还贷水价,并建议运行初期主体工程供水价格按成本水价确定,不计利润,按规定计征营业税及其附加,测算的河北省口门全成本水价为 1.23 元/m³,其中,基本水价 0.59 元/m³ 和计量水价 0.64 元/m³,同时,测算了运行水价(还贷期不计折旧,计提还贷本息)为 0.97 元/m³。还贷运行水价对配套工程来说,原水费降低了 0.26 元/ m³。

4.2.2 水厂以上配套工程供水水价定价原则

河北省南水北调中线供水覆盖范围大,供水目标多,单位供水量投资和成本高,供水管理费用高,配套工程筹资任务重,财政资本金压力大,除向银行贷款外还需社会融资,因此,本省的南水北调中线工程供水入水厂口门水价按照补偿贷款本息、社会融资费用和基本运行费用的原则确定,并实行南水北调受水区入水厂口门统一价的方式。计算方法和取费参数参照主体工程,则对应全成本和运行还贷两种原水价的入水厂口综合水价为 3.425 元/ m³ 和 3.12 元/ m³,到用水户的终端水价将达到 8.00 元/ m³ 和 7.618 元/ m³,超出了用水户对水价的承受能力。

4.2.3 供水水价构成分析

河北省南水北调中线工程供水价格主要由原水费(干线水价)、配套工程运行费、还贷本息、社会融资费用及税费等构成,如图 1 和图 2 所示。由图中可以看出,综合入水厂口门水价主要是原水费和还贷,运行费用不足 15%。若不考虑原水价,配套工程供水基本运行水价占水价构成的 25%,还贷和融资费用占水价构成的 75%。

图1 河北省南水北调中线工程供水入水厂水价构成　　图2 河北省南水北调水厂以上配套工程供水水价构成

5　水价政策建议

南水北调中线一期工程历经半个世纪的规划和12年的建设期，2014年汛后通水，但是，运营体制、机制、价格政策等一系列关乎工程运营的问题还没解决。线上和面上问题都串起、铺开了，各方利益关系复杂，尤其是水价政策问题。本文给出了河北省受水区现状供水价格，也提供了南水北调中线工程成本水价测算结果，按照南水北调中线工程从开始定位的建设管理体制——"准市场运行机制"，按给出的成本定价，结果就是工程供水价格水平远高于现状受水区执行水价水平，势必会导致水难销，工程自身无法良性运行，难以实现为受水区提供经济、社会和生态发展的水资源支撑的预期目标。在此，提出以下六个方面的建议：

（1）制定有效措施调整终端水价。受水区价格部门几年来一直努力试图调整水价，使水价能与南水北调中线工程供水价格接轨。但是，水价调整关乎民生和社会稳定，因此，没能按计划调整水价，以至于现行水价远低于南水北调成本水价。因此，各级政府要高度重视终端水价调整，制定有效措施，加大调整力度，尽快调整到位，与南水北调中线工程供水价格顺利接轨。

（2）最大限度降低运行初期水价。主体工程80%的资金来源是南水北调基金、重大水利基金和国家财政预算内资金，因此，在运行初期应按照2008年可研阶段明确的运行还贷的原则制定水价，并采取必要的财税或还息措施，最大限度地降低运行初期干线水价，控制在0.5元/m³左右。

配套工程也应参照干线，以保证工程管理单位运行的原则，合理偿还贷款本息和融资费用，制定运行初期水价。工程运行初期入水厂口价格控制在2.75元/m³，甚至更低些，终端水价控制到6.0元/m³。

（3）出台政策文件培育水市场。调水规模是综合考虑了北方受水区水资源供需状况和生态环境建设的要求，并考虑了一定的发展空间而确定的，是政府宏观调控的行为。但定位的"准市场运行机制"的工程管理，造成供水定价时诸多矛盾难以解决。尤其是采取"两部制"水价政策，水厂建设管理企业、配套工程管理单位如何去全部承担政府预留的发展空间费用，何况"水市场"边界环境复杂，还没有真正培育起来，需要一系列的政策支持。完善的水市场要求地下水开采得到有效控制，地表水供水调度严格按计划执行，制定南水北调供用水管理条例或办法，建立完善的水权交易市场等。

（4）分阶段制定合理水价。南水北调中线工程是具有公益性和经营性双重功能的基础设施，应按照试运行阶段、运行初期和正常运行期制定合理水价，使各方利益平衡发展。试运行阶段，主体工程具备了通水条件，可配套工程建设还不完善，应预留 5 年左右的时间，这时，主体工程应以保证运行为主，地方配套工程也应保证运行，适度还贷，以较低的水价进入市场；运行初期，尽管工程建设比较完善，但水市场中原有各利益方的利益再分配还不稳定，南水北调供水工程需要 5～10 年时间巩固发展，稳定其主导地位，这时的水价也不应定得太高，主体工程以保证运行、适度还贷，配套工程以保证运行、合理还贷，水价提高幅度以不影响南水北调中线工程在受水区供水的主导地位为原则。正常运行期在保证供水主导地位前提下，保证运行、偿还贷款、适度还本，还贷后，保证运行、还本微利。

（5）安排合理调度计划恢复受水区生态。南水北调中线工程是缓解我国北方水资源短缺局面的重大战略性工程，不仅要提高受水区供水保证率和供水安全，更要适度恢复已遭受严重破坏的生态环境。试运行期和运行初期，主体工程已具备了设计供水能力，而配套工程不能按设计能力收受水时，可调度部分水量用于农业和生态环境恢复；丰水年份、丰水季节，引水量超过工业城镇正常需要时，应用于农业用水、地下水补充和河道环境，主要发挥环境和社会效益，国家制定主体工程水价时，应该同时制定农业和环境用水水价政策。

（6）制定水价要充分考虑用水户承受能力并有利于节水。水是稀有资源，定价时充分考虑用水户承受能力，还要有利于节约用水和水资源保护。当前，用水户在经济上对水价有一定的承受能力，但实际问题是心理承受能力。调整水价，涉及民生问题，程序复杂，各级政府都特别慎重。因此需要制定水价调整计划，以用水户经济承受能力主导的水价调整方案，促进全民节约用水和对水资源的保护。

参考文献

[1] 秦长海，裴源生，张小娟. 南水北调东线和中线受水区水价测算方法及实践［J］. 水利经济，2010，28(5): 33-37.

[2] 王冠军，刘昌明. 南水北调东中线一期工程及受水区水价政策探讨[J]. 北京师范大学学报，2009,10(45): 590-594.

[3] 张晓勇，贵勤，付建军. 南水北调中线水源工程调水管理研究［J］. 南水北调与水利科技，2009(6).

[4] 赵立敏，张艳红，李兵. 河北省南水北调受水区水价对策研究[J]. 河北水利，2013(5): 11.

[5] 崔志清，董增川. 河北省南水北调配套工程建设与管理体制研究[J]. 水科学与工程技术，2007(6).

[6] 水利部发展研究中心. 南水北调工程建设与管理体制研究简介[J]. 中国水利，2003 (2).

[7] 王卓甫，李雪淋. 南水北调工程中线水价新论[J]. 人民黄河，2008(8): 1-2.

[8] 贾屏，徐建新. 南水北调工程通水后多水源供水水价变化分析[J]. 人民黄河，2012(8).

[9] 曾雪婷，李永平. 基于决策环境理论的南水北调水价准市场定价模式研究[J]. 南水北调与水利科技，2013(5).

[10] 龚友良. 南水北调工程受水区水价形成初探[J].中国水利，2014(4): 39-40.

对南水北调中线年度水量转让机制的思考*

张 郁

（东北师范大学地理科学学院）

南水北调是缓解我国北方地区水资源紧张状况、改善区域生态环境的超大型调水工程。随着东线、中线工程的相继竣工，北调水的合理配置问题显得更加迫切。《南水北调工程供用水管理条例》的发布，为北调水合理配置提供了法制保障。由于南水北调范围广、线路长、用水户众多等原因，水资源管理难度大，其运行管理中还存在许多有待研究的问题。

这里，结合作者多年来对南水北调水资源配置问题的研究，就年度水量转让机制和水价问题，提出个人的一点看法，供参考。

按照《南水北调工程供用水管理条例》，国务院水行政主管部门负责南水北调工程的水量调度、运行管理工作，实行年度可调水量与年度用水计划建议制度、供水合同管理制度，供水合同由受水区省（直辖市）人民政府授权的部门或者单位与南水北调工程管理单位签订；当水量调度年度内受水区用水需求出现重大变化，需要转让年度水量调度计划分配的水量的，可以实行年度水量转让，那么，如何顺利地开展年度水量转让工作，水量转让中应注意哪些问题，如何协调多方利益？对此，国内大型调水工程中没有成熟的相关运行管理经验。

在南水北调中线工程的建设中，受水区（北京市、天津市、河北省、河南省）均通过部分出资获取了相应的水权，这里仅对可能实施的年度水量转让问题开展研究。

通过借鉴国际上先进的调水工程运行管理经验，并基于我国国情和水情，本文提出南水北调年度水量转让工作应遵循三个原则，即政府宏观调控与市场机制相结合、供水管理与需水管理相结合以及应急管理与常规管理相结合。

1 年度水量转让的基本原则

1.1 政府宏观调控与市场机制相结合

国际上先进的水资源管理经验表明，重大的基础设施建设项目，必须充分发挥国家宏

---

* 基金项目：教育部人文社会科学规划项目"基于实验经济学的南水北调水市场机制设计及政府调控措施研究（2011—2014）"。

观调控作用，政府的决策、协调和支持是确保工程正常运行的关键。南水北调工程涉及中央各部门之间、中央和沿线地方各省（直辖市）之间、沿线地方各省（直辖市）之间、各省（直辖市）内部各部门之间等关系，涉及水政治、水安全、水环境、水经济等多个方面，既是水资源的调剂问题，也是权力和利益的再分配问题。在南水北调工程建设与管理中，政府的宏观调控作用主要体现在制定水资源合理配置方案，协调调水区和受水区的利益关系，协调各省（直辖市）间的关系，协调调水与防汛、抗旱关系，水污染防治和生态环境保护，制定合理的水价政策以及促进水资源调配的利益调节机制等。政府在南水北调工程建设中的作用是决定性的、不可替代的，也只有政府才有责任和能力组织建设对整个国家的宏观资源配置有重大影响的基础设施项目。这一点，目前已成为全社会的共识，也是南水北调水量年度转让中必须遵循的首要原则。

1.2 供水管理与需水管理相结合

调水工程是一项水资源时空再配置工程，其实质是提高水的分配效率和利用效率，可通过供水管理机制和需水管理机制的有机结合来实现。传统的供水管理大多在各分水口按照既定调水量、实施"一次性"供水，它对受水区中供不应求与供过于求并存的矛盾不能及时地动态调节，不利于有限调水量的优化配置；与供水管理相比，需水管理可通过政府的宏观调控意图和调控措施，由国务院水行政主管部门基于国情、水情，适度采用市场机制（包括价格杠杆、水量管制、水权流转等手段），促进水量的分配效率和利用效率，这既能弥补供水管理"一次性分配"的不足，也可以对有限调水量进行动态的"二次分配"。供水管理与需水管理相结合，能够及时反映受水区因产业结构调整、节水能力提高、北调水与当地水联合利用后需水变动造成的供求不平衡矛盾，进而最大限度地发挥调水工程的配置功能，实现整个受水区范围内的水量丰欠互补、互通有无，达到节约用水与有效分配水资源的最终目标。

1.3 应急管理与常规管理相结合

南水北调中线工程缺乏在线调节水库，当水源地供水正常时，因受水区各流域来水量、需水量组合差异较大，局部地区供不应求与供过于求的现象难以避免。当水源地水量偏枯或南北同枯时，或发生洪涝干旱、水生态危机等突发事件时，需要适时启动基于调水工程的应急管理机制，依托调水、输水设施，以先进的决策管理系统为技术支撑，借助渠道自动运行控制方式，在国务院水行政主管部门组织开展的多途径协调下（行政协调、计划协调、经济协调、政策协调等），辅以价格机制、补偿机制、水量转让机制等需水管理措施，调动各方利益主体积极参与，最大限度地防灾、减灾。这种应急管理机制还可以作为一种管理模式，与常规的调水工程运行管理相结合，有助于增强调水工程的保障程度，促进总干渠的良性运行。南水北调工程年度水量转让的基本思路如图1所示。

需要指出的是，政府的宏观调控职能可渗透到水量转让实施过程中。结合受水区（北京市、天津市、河北省、河南省四大用水户）初始水权的明晰和年度水量的供求变化，需要进行年度水量转让时，政府调控模式可由"全权代理式"的指令、计划行为转变为"事前沟通式"及"事中协商式"，既保证政府的宏观调控意图，又做到尊重市场意愿、满足市场供求关系，还能充分发挥民主协商作用，调动利益相关者的积极参与。这样，借助适度发挥水价、水权、水市场等需水管理机制，将制度管理工具与市场工具有机结合，有助于实现有限水资源的更合理配置，应成为我国大型调水工程的普适范式。

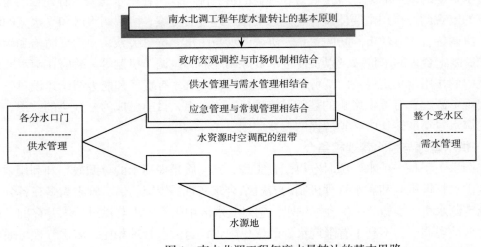

图 1　南水北调工程年度水量转让的基本思路

2　年度水量转让的实施

由于南水北调中线工程供求变化的不确定性较大，加上没有在线调节水库、受水区（北京市、天津市、河北省、河南省）四大用水户与调水工程供水部门没有签订长期供水协议等原因，从年度时间尺度来看，无论中线水源地供水是否充足，受水区均有可能存在局部或大范围的供求矛盾、始终存在动态调配调水量的需求，优化配置水资源将是调水工程长期面对的问题，短期的、年度的供求协调及水量转让工作也必将常态化。

鉴于南水北调工程水资源配置的复杂性，实施年度水量转让工作，首先需要构建基于调水工程的协商平台（见图 2），该协商机构由国务院水行政主管部门、南水北调中线工程管理部门、流域机构以及流域内省（直辖市）行政区域共同承担。

年度水量转让过程，应在调水工程管理部门对水资源配置流向认可的前提下，结合价格激励等利益调节机制、在用水户的积极参与下完成，这与南水北调水资源分配的基本思路完全一致。

年度水量转让工作中，政府的宏观调控措施可通过对协商过程的组织和监管得以实现，协商的核心是水量转让的利益分配问题，力求保证与政府调控目标一致下，年度水量转让相关的所有参与者收益总和最大化。南水北调工程管理部门的协商平台负责水量转让的供求信息收集与发布、转让结算以及对水量转让工作的监管，其中，水量转让的利益分配依据可借助计算机辅助系统，通过优化算法，建立基于水量转让价格、转让水量的优化处理系统，可参考的优化模型如下：

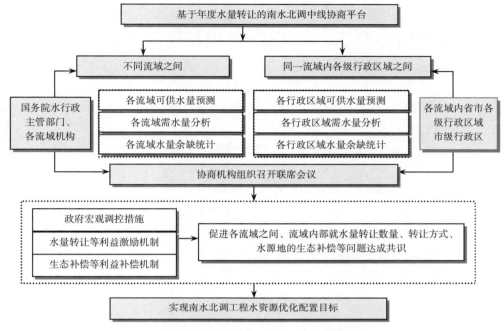

图 2 南水北调年度水量转让中的协商机制

目标函数：水量转让过程中所有参与者收益总和最大化

$$\sum_i c_i f_i \qquad (1)$$

约束条件：

基于节点的转让水量的平衡约束 $\quad \sum_{i \in s_k} f_k = \sum_{i \in e_j} f_j \qquad (2)$

基于区间的转让总水量约束 $\quad d_i \leqslant f_i \leqslant u_i \qquad (3)$

式中：i 为水量转让——受让区间；j 为水量转让的供、求节点；f_i 为区间内转让的水量；c_i 为区间内转让水量的单位价格；s_k 和 e_j 分别为水量转让区间的起始节点和终止节点；d_i 为区间内可转让的最少水量；u_i 为区间内可转让的最多水量。

当然，这一模型仅供参考，实践中的水量转让操作还需考虑水量转让方、受让方所处的节点、输水成本、转让是否对第三方造成影响、转让履约、监管等很多实际问题。

基于中线没有在线调节水库的现状，即便暂时的受水区多水源水价不统一背景下，结合调水工程的年度水量转让工作，以调水为载体，依托水价激励机制以及多方协商后的转让水量，沟通北调水与北京市、天津市、河北省、河南省等整个受水区的水量联系，也间接地促进了北调水与当地水的联合利用，尤其是这种价格杠杆、利益补偿机制，有助于克服指令性、一次性分水的不足，有助于促进水资源的优化配置。

总之，我们不能就水价而论水价。依据《南水北调工程供用水管理条例》，通过水量转让平台，通过水价激励和利益调节等管理机制的创新，充分发挥调水工程的主战场作用，有助于避免高价调水无人用及大调水、大浪费的局面出现，有助于北调水合理配置目标的实现。

含国家补贴调水项目财务指标测算方法的探讨

吴红峰

(福建省水利水电勘测设计研究院)

摘 要: 本文以某离岛跨海调水项目为例,从含国家补贴资金调水项目的财务指标计算原理入手,分析国家补贴作为国家资本金的作用及意义及在财务指标计算中与企业资本金关系,提出针对企业筹措资金、而非整个项目资金的财务指标处理方法,使得项目测算水价及项目筹措资金比例构成更能合理体现各方权益,并使国家补贴资金真正施惠于受水区居民。

关键词: 调水项目;国家补贴;国家资本金;资金筹措

1 引言

水资源水价完整表达为资源水价、工程水价及发展环境水价,是实现水资源价值与市场经济的有效经济调控杠杆,其意义除保障投资者或资源所有者合理权益外,更重要的是通过水资源有偿使用促进水资源高效和可持续利用,抑制浪费宝贵水资源与保障生态环境,促进水资源开发的良性循环。水资源属于可再生但不可替代的自然资源,归国家所有,这决定了水资源既需担当社会公益功能,又需体现有偿使用的市场价值。水资源实际使用中,由于涉及到开发者与用水户双方社会经济状况与供水受水区域发展方向、产业布局等复杂经济社会问题及开发者的社会及政治目的等综合因素,准确定价十分困难,特别是资源价值与发展环境价值。尽管我国部分跨区域跨流域调水工程也开始尝试受水区对调出区或下游对上游进行生态及经济补偿方法,但大多仍以国家水利基金无偿补贴建设资金或仅仅征收少量水资源费予以体现,因此现实中水价确定基本均围绕工程水价方面进行研究。

供水项目是具有一定财务能力的民生项目,但随着工程建设费用不断攀升及往往前期供水量不高,实际上供水项目的独立财务运作能力较弱,因此需要国家无偿补贴建设资金,减轻财务压力、平抑水价,从而施惠受水区居民。这里存在如何确定国家补贴额度及定价,做到国家补贴资金真正施惠于受水区居民、而非供水售水运营企业,但又能保障供水售水运营企业等相关方基本权益的问题?以下从福建省某沿海离岛跨海供水的水价测算为例,探讨如何对调水工程合理定价及确定资金筹措方案,从而合理体现各方权益及国家补贴落到实处。

2 某调水工程简介

福建省某沿海岛屿作为独立县域（以下简称"乙县"）隶属于陆域某设区市，由于该岛面积较小，水资源极为贫乏且开发利用难度大，目前岛内水资源已开发殆尽，且存在地下水抽采严重、湖库水普遍富营养化及海淡水成本高企等问题，当地已无可经济利用水资源，因此由数公里之隔的陆域（以下简称"甲县"）跨海调水是最为理想经济的选择。尽管甲县处于陆域沿海突出部，本属水资源贫乏区域，且社会经济发达，用水量大，但由于靠近水资源丰富的 A 河，现可依靠 A 河上一座大型水库（A 库）及沿程"长藤结瓜"式引水，基本能解决其中远期水资源需求。甲县在 A 库取水原水水价为 0.20 元/m³（含水资源费），至供水最末端 B 库的原水水价为 0.60 元/m³。

现拟由甲县 B 库跨海调水，经 B 库扬水后，通过陆域及跨海铺设管线输水至乙县 C 库，最后由 C 库向乙县供水，如图 1 所示。依据甲/乙县建设协议，甲县企业负责建设及运营该跨海调水工程，工程调水量 6 万 m³/d，工程静态投资 4.25 亿元；国家补贴适当比例的建设资金，余下资金由甲县企业负责筹措。

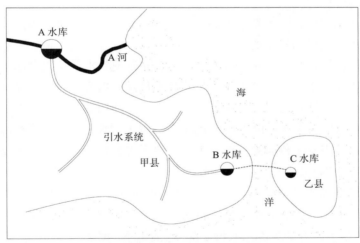

图 1　福建省某沿海岛屿调水示意图

3 水价测算与资金筹措

3.1 商业运作水价

作为供水工程开发者及经营者，关心的是投资回报与股东收益，即反映资金进出的现金流是否健康的资本金财务内部收益率与反映资本金总体利润优劣的资本金净利润率。投资收益率按专家调查成果，供水工程的资本金投资收益率一般在 6%，而资本金净利润率一般以高于中长期贷款利率 1~2 个百分点为宜。

该供水项目成本费用主要包括折旧费、维护与管理费、固定资产保险费、职工工资及福利（含劳保统筹、医疗保险、住房基金等）、材料费、原水水费（含水资源费）、动力燃料费、利息支出和其他费用等。其中除折旧费与利息支出之外均为经营成本，经测算，该跨海供水工程的经营成本水价为 1.61 元/m³。

从商业运作角度，企业自筹部分资本金，其余均由商业银行贷款，以企业自筹资本金比例 20% ~ 100% 计，测算企业资本金财务内部收益率达到 6% 时水价为 3.65~3.72 元/m³，水价变幅较小；此时其资本金净利润率维持在 7.9% 左右，项目财务内部收益率维持在 7.1% 左右。在某一固定水价时，资金筹措比例变化对项目及资本金财务收益率与资本金净利润率影响不大。由此表明，跨海供水工程如完全由市场商业运作，甲县企业需将水价定价在 3.70 元/m³ 左右才能保证项目维持正常财务运作；即在市场商业运作情况下，乙县不得不接受跨海供水工程 3.70 元/m³ 左右供水定价。以运营企业资本金筹措 30%、商业银行贷款 70% 为例，测算跨海供水工程水价 3.66 元/m³，其资本金净利润率为 7.9%，资本金及项目财务内部收益率分别为 7.1% 与 6.0%；工程水价构成为：经营成本 1.61 元/m³、折旧提取 0.71 元/m³、贷款利息支付 0.45 元/m³、营业税与销售税金及附加 0.20 元/m³、所得税 0.19 元/m³、企业利润 0.50 元/m³。

3.2 用户承受能力

对于乙县用水户而言，入岛水价关乎离岛岛屿居民民生福祉，因此跨海工程水价还需考虑用水户对水费支出的承受能力。

依据乙县居民执行自来水水价仅为 2.70 元/m³，现状水源（以湖库水与地下水为主、辅以海淡水）的成本水价高于自来水水价，其不足部分由当地政府补贴。由于乙县地处沿海离岛，岛内水资源开发殆尽、且现有水源处于过度利用状况，未来唯一可以利用本地水仅有海淡水，而海淡水成本水价高达 8 元/m³，不宜大规模开发。尽管跨海陆水入岛实际成本水价相比目前自来水水价偏高，但由于水资源无可替代属性，未来新增用水采用陆域跨海引水仍最经济合理。

中央及地方省市上级政府拟以水利基金或财政补贴等形式支持解决离岛岛屿居民用水问题，做到陆水进岛后能基本维持现行居民水价。目前岛内已有完善供水管网，扣除水厂约 0.10 元/m³ 制水成本即为原水水价 2.60 元/m³ 上下，那么国家资金补贴后能有效降低入岛原水水价至 2.60 元/m³ 上下即可。

3.3 国家补贴注入后的资金筹措

国家补贴资金作为国家资本金，不同于一般资本金，其使用者可能是供调水项目建设法人，但受益者应该是受水区居民。

为合理确定国家补贴的额度，应从分析供购水双方合理权益诉求或希望达到的目标方面入手：首先购水乙县方对该供水工程的需求是国家补贴后入岛原水水价能维持在 2.60 元/m³ 上下、居民用水负担基本不增加；而供水甲县企业的需求则是工程开发运营企业投入资金能有合理收益、项目维持正常财务运作。因此，以 2.60 元/m³ 为测算水价（也为最终原水价）、企业资本金财务内部收益率 6% 供购双方需求作为边界条件，反推国家资本金补贴比例，以此得出满足各方要求的资金筹措方案。通过试算反推：国家需补贴建设资金 2.35 亿元，占建设资金的 55.1%，余下由企业筹集；依前文分析，余下企业筹措资金部分，自筹资本金与向商业银行贷款比例对企业收益影响不大，按供水项目企业自筹资本金最低比例及一般要求，企业自筹资本金 30%，向商业银行贷款 14.9%。

4　财务指标测算处理方法

供水项目是具有一定财务能力的民生项目，但供水项目（特别是跨流域跨区域调水项目）的建设资金及运营成本较大，其财务运作能力普遍较弱，因此中央及各级政府往往以财政或水利基金进行无偿补贴，减轻财务压力、平抑水价，从而施惠受水区居民。

国家补贴作为国家资本金不同于一般资本金，该资金无需回报且不回收成本，但应注意到本案例中的国家补贴资金是施惠于离岛居民用水，跨海供水工程开发运营企业及与当地售水企业不应由此受益，这就涉及国家补贴额度问题：补贴过高，工程开发运营企业及与当地售水企业可能因此受益；补贴过低，企业供水财务压力可能最终转嫁居民，增加居民用水负担。因此存在国家补贴的供调水项目财务指标核算时，有几个需要厘清的关系：①国家补贴受益主体是受水区居民、而非其它开发运营企业；②国家补贴作为建设资金仍会形成固定资产，不能简单地将其从工程建设投资中剔除；③国家补贴应不计回报且无需回收成本，但也不能作为一般资本金补贴给开发运营企业、与企业资本金混为一谈；④在项目成本及企业利润损益核算中应区分对待国家补贴资金与企业筹措资金。

针对有国家补贴资金供调水项目中涉及工程成本费用、利润及利润分配与资本金现金流量情况核算时均应以企业为对象研究，这里有几个具体处理方法：

其一，分析总成本费用时，应区别对待作为计算基础的固定资产原值。如折旧费提取，国家补贴资金应从固定资产原值（扣除移民征地及税费后的固定资产价值）中剔除；而诸如维修管理费、材料费及其它费用等方面费用则仍应以实际固定资产原值为基础。这方面如不作处理，会虚高企业总成本费用，从而弱化运营企业财务指标，损害运营企业利益。其二，企业利润及利润分配时，相应税费及利润则以企业总成本费用为计算基础，分析企业资本金净利润率指标。其三，财务计划现金流量分析中同样应以企业为分析对象，剔除非企业筹资（自筹资本金与向商业银行贷款）的资金进出，进而核算企业资本金的财务内部收益率指标。

5　结语

中央及各级政府财政或水利基金无偿补贴是跨流域跨区域调水项目具有财务运作能力重要来源，该资金作用是施惠于受水区居民、减轻其用水负担，而非补贴给供水售水的建设运营企业，因此如何合理测算水价及确定筹措资金构成是国家补贴调水项目值得研究及探讨的问题。

南水北调西线一期工程水价问题初步探讨

崔 洋[1]   邢 琳[2]   郭 飞[1]

(1.黄河勘测规划设计有限公司；2.黄河勘测规划设计有限公司)

摘 要： 本文归纳了南水北调西线工程的特点，提出了水价研究的原则，分析了影响水价的有关因素，通过测算主体工程、配套工程及以下环节的水价，分析了用户的承受能力，提出了下一步研究、制定西线一期工程水价的有关建议。

关键词： 南水北调西线；一期工程；水价；研究

1 南水北调西线工程概况及主要特点

1.1 工程概况

西线工程是南水北调工程总体规划提出的"四横三纵"水资源配置格局的三条引水线路组成之一，规划从长江上游金沙江、雅砻江干支流和大渡河支流调水量170亿 m^3。2001年7月起开展西线第一期工程项目建议书阶段，有关工作 2005 年 6 月，开展第一、二期工程水源结合方案研究，仍称南水北调西线一期工程开展项目建议书工作。经过十余年的工作，2013 年初步提出了《南水北调西线第一期工程项目建议书》成果。

西线第一期工程由"七坝、十四洞、六渡槽、二倒虹吸"组成，七座水源水库分布在雅砻江干流及其支流泥曲、达曲，大渡河支流色曲、杜柯河、玛柯河和阿柯河上，总调水量 80 亿 m^3，坝高 30～194m，输水线路串联上述支流将长江水调至黄河贾曲附近出流。输水线路总长 326km，其中 321km 为隧洞。

1.2 水资源配置方案

西线第一期工程受水区主要为青海、甘肃、宁夏、内蒙古、陕西和山西 6 省（自治区）的 30 座重点城市，宁东能源工业基地、鄂尔多斯能源工业基地、陕北榆林能源工业基地、离柳煤电基地和部分生态农业区供水，并向西北内陆河的石羊河流域及黄河河道补水。

根据水量配置初步成果，西线第一期工程按调水规模 80 亿 m^3 进行水量分配，其中，河道内配置 20 亿 m^3 生态用水；河道外配置 60 亿 m^3 生产、生活及生态用水，初步的配置方案见表 1。

表1	西线第一期工程水量配置方案	单位：亿 m³
河道内外	分配水量	
河道外	重点城市	31.1
	能源基地	23.1
	黑山峡生态建设区	1.8
	河西内陆河区	4.0
	小计	60.0
河道内		20.0
合计		80.0

1.3　工程主要特点

南水北调西线工程有以下几个显著的特点：

（1）工程调水区位于青藏高原东南部，高寒、低气压、缺氧的气候条件，导致其工程建设投资大，运行管理费用高，增加了水价的成本。

（2）工程受水区位于西北经济欠发达地区，经济发展和收入水平低于东中部，用水户的经济承受能力较低。

（3）长江水调入黄河干流后，与黄河的原有径流汇合在一起，调水量除配置生产、生活用水外，还涉及置换生产、生活挤占的生态用水，部分水量为增加黄河干流的环境用水，直接用水户难以明晰。

（4）黄河上中游是我国东电西送的能源基地，规划和建设了多座梯级水电站，西线调入黄河的水量将不同程度的增加水电站发电量，提高保证出力。

（5）黄河现有水价由流域各省（自治区）制定，用水以农业为主，长期处于较低的水平，科学合理的水价形成机制尚未形成，水费收取的形式复杂多样，水价计收、管理、使用的有关制度尚不完善。

2　西线工程水价有关问题分析

2.1　基本原则

黄河水资源严重短缺，流域水资源供需矛盾突出，已经成为制约受水区国民经济可持续发展的瓶颈。但另一方面却存在着用水浪费现象，水价偏低、水价形成机制不合理是造成水资源短缺与浪费并存的主要原因。因此，制定南水北调西线工程供水价格要遵循以下的原则：

（1）有利于水资源的节约、保护和优化配置原则。以用水价格引导人们调整用水行为、改善用水结构，提高水资源的利用效率，促进节水，防治水污染和改善水生态环境，实现水资源的优化配置及可持续利用。

（2）补偿成本、合理收益、优质优价和公平负担原则。水价必须要能够补偿供水的全部生产成本和费用及合理的收益，从而保证供水单位的良性运行与发展。水价应按资源和经济规律实行优质优价，高质量的水，水价也应较高，但水价不能超过用水户的承受能力。

（3）分类定价原则。不同用水行业用水效益不同，承受水价的能力也不同，因此对同一地区不同行业区别对待，对不同的用水户，实行不同价格，高消耗用水实行高水价。

2.2 影响西线工程水价的主要因素分析

南水北调西线第一期工程包括从雅砻江、大渡河调水到黄河的主体工程，从黄河引水口门到供水水源地或干渠的配套工程，前者以主体工程水价体现，后者以配套工程水价体现。水源地或干渠以下还须通过工程到用户，最终为用户水价。主要的影响因素包括：

（1）主体工程筹融资方案。由于主体工程位于青藏高原，工程规模较大、地质条件复杂、具有一定的技术难度，工程投资较大，单方水投资近 20 元，筹融资方案对水价的影响较大。在项目建议书阶段依据主体工程的投资和调水量，初拟了资本金占 100%、80% 和 60%，贷款规模占 0%、20% 和 40% 的三种筹融资方案，分析了主体工程投资、还贷的方式和供水成本分摊、两部制水价的计算和用户承受能力后，测算了西线黄河引水口门水价，测算表明，不同贷款规模会对贷款期和还贷后的供水价格产生不同影响，贷款规模越大，供水成本、供水价格和计量水价则越高。

（2）配套工程规模。各省（自治区）受水区从黄河引水口门以下须建配套工程才能到用水户，由于各省（自治区）受水区的引水条件差异较大，受配套工程规模、投资和分配水量影响，不同省（自治区）和同一省（自治区）不同用户之间水价存在较大差异。如宁夏、内蒙古自治区距黄河较近，可自流引水到受水区，还可改造利用原有的水利工程，配套工程的规模较小，供水的成本较低，可降低用水户的水价。而甘肃、陕西及山西等省水低地高，而要提水或长距离送水，供水成本较高。

（3）黄河水电站发电收入。西线工程所调水量在 3400m 高程进入黄河，入黄口以下已在建和规划有数十座梯级电站。西线工程调入的水量将增加电站的发电量，据测算，在不增加各梯级电站装机容量条件下，黄河干流梯级每年增加发电量 290.4 亿 kW·h，从而相应增加发电收入。有效合理地利用这些新增的发电收入，不仅是西线工程融资有利的条件，也是降低西线工程水价的重要支撑。

（4）水资源统一管理。西线调长江水入黄河后，江、河水混流，各用水对象难以分清所用水源，给供水价格的管理制定、水费的收支、平衡存在较大困难。首先，黄河水价的突出特点是水价偏低。流域大多数地区现行水价水平严重偏离供水成本。其次，水价政策尚不完善，资源水价（即水资源费）的性质未得到体现，各地规定的水资源费征收标准一般都是初步的、低价的，黄河水资源在许多地方尤其是干流上仍然是无偿使用的。考虑到江河混同特点以及与黄河流域未来水价的协调或衔接，若加强黄河水资源费的收取，提高黄河供水水价，将西线新增调水量纳入黄河流域水资源管理与水价政策的统一框架之内，以降低西线水价，增强用水户的承受能力，维持西线工程的良性运行。

3 西线工程水价测算

3.1 测算条件

（1）工程投资。根据投资估算成果，南水北调西线第一期工程主体工程静态总投资1583.72亿元，建设期10年，分年度投资见表2。

表2　　　　　　　　　　　　　主体工程分年度投资表

建设期/年	合计	1	2	3	4	5	6	7	8	9	10
投资/亿元	1583.72	171.33	229.73	223.89	232.74	228.36	185.65	142.21	89.89	52.11	27.81

（2）成本费用分析。按照资本金占工程投资100%方案，即不贷款的情况下，正常运行期工程年总成本费用为52.56亿元，年运行费20.41亿元。

（3）费用分摊。主体工程投资分摊先按照可分离费用—剩余效益法分供水和发电分摊主体工程投资，再按供水保证率法将供水分摊投资分摊于工业生活、河道内、外生态用水等受益对象。主体工程投资分摊结果见表3。

表3　　　　　　　　　　　　　主体工程投资分摊成果

项　目	分摊投资/亿元	分摊比例/%
发　电	228.47	14.4
工业生活	1083.99	68.4
河道外生态	60.91	3.8
河道内生态	210.52	13.3
合　计	1449.59	100.0

根据各收益对象分摊的投资进行总成本费用及年运行费分摊，其成果见表4。

表4　　　　　　　　　　　主体工程成本费用分摊成果　　　　　　　　单位：亿元

项目	分摊总成本费用	分摊运行费
发电	7.58	2.94
工业生活	35.97	13.97
河道外生态	2.02	0.78
河道内生态	6.98	2.71
合计	52.56	20.41

（4）发电收入分成。按2030年水平黄河完建的梯级电站增发电量的90%计算，则有效电量为261.4亿kW·h。初步考虑采用0.3元/(kW·h)作为基准上网电价，扣除成本后，新增发电收入西线工程的分成比例按50%计。

（5）配套工程投资及成本。配套工程估算总投资为 590 亿元。配套工程年总成本费用按照固定资产投资的 5%估算。

3.2 水价测算

（1）主体工程水价。

1）成本水价。一期工程调水量 80 亿 m^3，分析西线工程调水到黄河单方水成本为 0.657 元/m^3，单方水运行成本 0.255 元/m^3。

2）盈利水价。结合西线工程的实际情况，工业生活用水盈利水价按照净资产利润率 1%、3%、6.55%和 8.55%分别测算，测算结果分别为 0.91 元/m^3、1.34 元/m^3、2.09 元/m^3、2.51 元/m^3。

（2）配套工程水价测算。工业生活供水利润暂按固定资产投资的 5%计。工业生活供水配套工程水价在 0.500 元/m^3 ~ 1.317 元/m^3，青海省西宁等城镇配套工程水价最低为 0.500 元/m^3，晋北、晋中、晋东煤电基地配套工程水价最高为 1.317 元/m^3。生态用水按照总成本水价测算，河道外生态供水水价分别为石羊河流域生态建设区为 0.65 元/m^3、宁夏黑山峡生态农牧业区 0.397 元/m^3。

（3）配套工程以下环节水价及用户水价测算。

1）工业生活供水。工业生活主体配套工程规划至城市水源地，配套以下环节水价估算考虑在工程成本基础上再计入税金和 5%的投资利润率后，水厂以下环节水价约为 1.5 元/m^3。计入主体工程水价、配套工程水价后即为西线工程到用户水价。

2）河道外生态供水。配套工程对于生态环境及农业供水工程规划到引水干渠，因此河道外生态供水到用户还需要经过田间渠系工程，据估算，田间配套环节水价约为 0.06 元/m^3。

3.3 水价承受能力分析

1）城市生活水价承受能力分析。考虑到西北地区引黄城镇社会经济发展现状，水价承受能力按照水费支出占可支配收入的 1.5%计算。用户可承受水价扣除配套、配套环节以下水价及污水处理费后，引黄工程渠首可承受水价在 0.43 元/m^3（甘肃省临夏市）~ 7.08 元/m^3之（内蒙包头市），城市生活水价有一定的承受能力。

2）工业水价承受能力分析。用户水价承受能力暂时按照工业产值的 1.5%计算，扣除配套及以下环节水价、污水处理费后，工业可承受的西线工程水价在 6.71 ~ 25.88 元/m^3，除宁夏城市工业外，其余均在 10 元/m^3 以上，工业水价有一定的承受能力。

3）农业水价承受能力分析。西北地区灌溉定额现状约为 586m^3/亩，规划水平年约为 430m^3/亩。按照目前农产品市场价格计算，亩净增收益为 616 元。按照水费支出占净收益 15%计算，则农业可承受水价为 0.214 元/m^3。

根据水价分析的结果表明，配套及以下环节水价石羊河流域生态建设区为 0.710 元/m^3、宁夏黑山峡生态农牧业区 0.457 元/m^3，已经高于分析的可承受水价，如果再加上主体工程水价（成本水价 0.349 元/m^3），河道外生态供水的最终用户水价用户将难以承受。

分析表明，农业水价承受能力最低，在制定西线水价时，应考虑用户的承受能力分用户分别定价。

4   建议

南水北调西线工程水价涉及工程、技术、经济、政策、水资源配置、用水对象及其承受能力等多种因素，非常复杂，尚有许多问题值得进一步研究。建议：

（1）南水北调西线一期工程生效后，长江水进入黄河，江、河水混流，水资源配置复杂，相应的水价问题突出，应进一步深化对江、河水混合后的黄河水价的调整、计收、管理的体制及运行机制的研究。

（2）南水北调西线一期工程的受水区主要是黄河流域的上中游地区，受水资源条件和生态环境状况等制约，经济比较落后，用水户承受能力有限，应对西北地区用户的水价承受能力进行深入研究。

（3）合理测算西线第一期工程的投资与成本，提高资本金比例，并提供贷款贴息。

（4）将西线第一期工程调水与黄河水统一征收水资源费，水资源费按现行体制征收，扣除必要的管理费用外，部分纳入西线工程运行维护专项经费管理和使用。

论跨流域调水工程的水价政策

张白利

（原平市水资源管理委员会办公室）

摘　要： 跨流域调水水价政策的核心是水价成本必须要充分反映水资源的真实价值。用水需求是跨流域调水的根本动力，超越本地水资源条件或逾越存量水权的增量需求是需要额外溢价支出的。溢价能否支撑由资能源消耗与水资源价值转移等形成的水价成本，是考核跨流域调水工程是否适当或者能否实现水资源价值最优化的唯一标尺。由于水资源在不同行业与产业的价值差异、多水源选择等导致的水价困境及规划需水的不确定性，跨流域的两部制水价实际很难执行，并且以基本水价为主的两部制政策明显会抑制以节水创新、海水淡化等为主的新水权市场的发展空间。基于水权溢价原理和市场供需均衡，跨流域调水可引入以市场竞价（量）为主、财政补贴为辅的虚拟水价（量）政策。

关键词： 跨流域调水；水权溢价；水价困境；水价政策

1　跨流域调水三要素

1.1　跨流域调水涵义

　　传统意义上跨流域调水是通过跨越两个或两个以上流域的引水（调水）工程，将水资源较丰富流域的水调到水资源紧缺流域，达到区域水量盈亏，解决缺水地区水资源需求的一种重要措施。

　　现代意义上的跨流域调水被赋予了更多涵义：是在流域层面对水资源或水权的再分配，是合理开发利用水资源以期实现水资源优化配置并充分发挥水资源综合效益的巨型工程，对调出、调入区经济社会及生态环境变化影响深远。适当的调水量是平衡两地水资源条件、实现水资源优化配置的有效手段，而水价成本正是考核跨流域调水工程是否适当或者能否实现水资源价值最优化的唯一标尺。

1.2　跨流域调水三要素

　　调入区的用水（资源）需求、调出区水资源的相对富有或可控的水环境影响、水价成本是跨流域调水项目的三要素。其中调入区的用水需求是跨流域调水的根本动力，调出区水资源的相对富有或可控的水环境影响是实施跨流域调水的基础物质条件，作为跨流域调水工程的核心要素，水价成本是制约跨流域调水工程能否维系或存在的根本，是考核跨流域调水工程是否适当或者是否能实现水资源价值最优化的唯一标尺。

（1）调入区（缺水区）用水需求。跨流域调水工程实施的首要条件是调入区的用水需求。该用水需求在量上表现为超越调入区本地水资源条件的增量；在水权形式上表现为超越流域取水许可条件总量的增量；时间跨度上表现为远期规划需求与现状超采。规划需求因受市场或非市场条件的众多不确定因素影响具有相当弹性。目前在经济增长方式由资能源消耗型向科技创新型转变的大趋势背景下以及产能过剩的大市场环境下，作为跨流域调水工程水价与水量的主要承担者，以高耗水行业为主的工业用水，势必将产生需求萎缩。其次包括超采的现状用水量在用水绝对权重灌溉水极具节水潜力（据 2012 年中国水资源公报：全国总用水量 6131.2 亿 m³，工业用水占 22.5%，农业用水占 63.6%，农田灌溉水有效利用系数 0.516）条件下，也将会弱化用水需求。从市场供需角度，由于增量需求会打破缺水区供需平衡，导致水资源产生溢价，实际超采又会对水环境及原有取用水户（水权人）造成影响，并提高区域社会的取用水成本，两方面叠加将促使市场做出选择：不足以负担溢（水）价成本，要么转变方向尽早退出高耗水行业，把水权留作它用另谋发展，要么就节水增效，别无它法。总之，增量需求一定是最需要水并能够负担溢价、产生价值且最终能体现水资源最优化配置的一类。因此充分评估调入区的实际用水需求，对跨流域调水工程自身的运行具有特别重要的意义。

（2）调出区（富水区）。跨流域调水工程实施的另一个前提基础条件是调出区水资源（地表径流）的相对富有或可控的水环境影响。作为环境生态最重要载体的自然水资源，在我国人均约 2000m³，约为全球人均占有量的 1/4、南方水资源也不富足［由长江流域及西南诸河水资源公报（2012）可知：长江流域人均水资源约 2100m³ 与全国相当］条件下，水资源价值不言而喻，当多多益善，除正常的灌溉、工业、生活供水之外，还具水能、航运、渔业、生态、环境、景观等多种功能。河川（湖泊）地表径流量减少（调水）将可能直接意味着下游水环境质量的下降与水功能区划级别的降低，此外还会导致泥沙淤积、航道受阻等，同时该部分水权的转移也意味着调出区失去了调出水量部分潜在的功用或价值，而特别大的水资源再分配，还会进一步打破两地经济社会相关资源的动态平衡，促进资本（包括人口等资源）向调入区的流动，对调出区的经济社会影响深远。作为工程建设项目的跨流域调水，在过多强调缓解缺水区用水紧张，发挥巨大经济、社会、环境效益的同时，其对调出区的水环境影响（负的经济、社会、环境效益）也不可避免，难以回避，不仅仅是直观的土地淹没与移民补偿。因此针对调出区的水环境影响，需要一个与水权转移对等的有法律约束的补偿机制（义务），专用于对后续水环境生态变化进行的修复与补偿，并以水价成本的形式予以明确定量。而建立水环境影响补偿机制是全面反应水资源真实价值并平衡两地权利义务，以公平原则实现两地资源互补、协调发展并达成两地共赢的必然选择。

（3）水价成本。作为跨流域调水工程的核心要素，水价成本是制约跨流域调水工程得以维系或能否存在的根本。跨流域调水工程首先应充分反映其水资源的优化配置功能并能充分发挥水资源的综合效益，适当的调水量是平衡两地水资源条件的有效手段，而水价成本是考核跨流域调水工程是否适当或者调水能否实现水资源价值最优化的唯一标尺：成本越小，越能发挥水资源的综合效益并突显水资源优化配置的工程价值。当然水价成本不可能没有极限，水资源影子价值作为水价成本的临界值，不可超越。其次跨流域调水工程要兼顾两地的用水需求，避免对生态环境造成破坏，对调出区的水环境影响必然要予以修复补偿。水资源费是水权转移的对等，补偿是水环境影响的对等，两者共同构成调出区水资源的影子成本，是调水必须付出的成本代价。从市场条件考虑：水自调出区一地经过资（能）源损（消）耗（工程）与价值转移（资源费与影响补偿）形成的终端成本到达调入区，最终是要由需水户埋单支付并被寄予创造超额价值愿望的，只有成本适当（低于调入区的影子价值），水价为市场接受，跨流域调水工程才能够得以维系并能形成良性循环。否则水价成本过高，市场不接受，项目运营进退维谷，无论是亏损运营或是补贴维系都将间接增加全社会的机会成本，造成巨量资本投入与社会公共资源的极大浪费，得不偿失。一方面随着科技创新与技术进步的日益加速，污水处理和海水淡化成本将会变得越来越低；另一方面即使是相对富有的调出区的水资源价值也会逐渐提高（水资源费上升）并被充分挖掘利用。以海水淡化为主的可选水源（水环境影响与资源成本低），无疑将对近海的高成本跨流域调水的实际运营产生冲击。

2 跨流域调水工程成本水价的主要构成

跨流域调水水价成本由与水量无关的以资、能源消耗为特征的固定成本和与水量相关的以价值转移为特征的资源补偿共同组成。主要包括：水资源费、水环境影响补偿费及工程成本。

（1）水资源费。我国《水法》明确规定：直接从江河、湖泊或者地下取水的单位和个人，应当按照国家取水许可制度和水资源有偿使用制度的规定，向水行政主管部门或者流域管理机构申请领取取水许可证，并缴纳水资源费，取得取水权。实际来看，缺水区（北京市、天津市、山西省、内蒙古自治区等）水资源费远比其他区域高，由于水资源短缺，已经历了一个加速上升过程。以山西省为例，定额内地下水的水资源费从生活、工业分类的 0.05 元/m³、0.06 元/m³，升至 0.5 元/m³、0.6 元/m³，再到现今一般用途用水以非超采、超采分区的 2 元/m³、3 元/m³，不过数年经历。从行业来说，工业与第三产业中的经营性用水显著高于生活与农业（其中对农业用水的水资源费基本未征或免征，缺水区也不例外）；在水源类型上地下水高于地表水；在取水类型上，自备水源高于水利或公共供水工程。理论上水资源费是水的自然资源属性的价值反映，并与水权对等，无论在调入区或是调出区水资源皆有价值（只不过对调入区似乎更高些）。完全市场（理想）条件下水源（调出）区与缺水（调入）区的水资源费差价正是两地水资源天然条件的反映并且是水资源可能并得以实现再分配的唯一动力。由于水资源费（水价）的普遍提高会增加区域社会的机会成本，富水区缺乏提升动力，缺水区则有承受极限，两者通过工程手段（资能源消耗）与资源补偿（以水资源费等为主的价值转移）达成平衡，完成水资源的最优化配置并进而希望发挥出水资源的综合效益。从水资源的天然条件和供需变化：增量需求（超采）打破原有平衡，理应承担由其导致的溢价支出，换句话说，想要突破或超出资源限制是需要额外价值付出和产生的。

（2）水环境影响补偿。传统意义上的跨流域调引水总是显得很完美：水生态环境影响小（甚至多有价值）、无需资源补偿、并且总是能发挥出极大的效益，例如伟大的都江堰和著名的大运河（两者均已入选《世界文化遗产名录》），由《清明上河图》也可见当时大运河带来的航运繁荣。随着时间的推移，现代社会人口的增长和经济发展，人类已越来越无法摆脱对环境的依赖，水资源瓶颈凸显，人水和谐日益成为社会发展的主题，尤其大流域空间尺度的水资源价值无可替代，在灌溉、工业、生活供水之外还具水能、航运、渔业、生态、环境、景观等多种功能，对调入调出区莫不例外。因此流域层面的水资源或水权的再分配，对两地经济社会及生态环境影响深远，这一切使得现代意义上的跨流域调水呈现出多目标规划与系统决策的复杂特性，其中水环境影响为不可或缺的多目标规划之一，在全面规划和科学论证过程中，无论是决策或方案比选都需要最后以数值方式（收益或成本支付）在价值或成本标的中予以体现，这是兼顾两地发展的需要，也是科学论证的必然过程和要求。将水环境影响补偿计入水价成本，是水资源真实价值的客观反应，有利于促进节约用水，有利于水资源利用效率控制，有利于经济社会的可持续发展。因此在跨流域调水项目的可研报告或水资源论证报告中，对水环境影响方面需要完善建立在水权转移之上具法律约束条件（义务）的补偿机制，并以水价成本的形式予以明确定量。由于水环境影响与调水量正相关，实际运行中可以数值方式体现为成本支付并从水价中直接抵扣计入成本，以基金方式由第三方托管，专项用于对后续可预见或不可预见的水环境生态变化进行的修复补偿，以期达成两地的真正对等平衡，实现双方共赢。

（3）工程投资形成的固定资产折旧及运行、维护等其它费用。其中归属于费用项的水资源费与水环境影响补偿费政策影响明显、定价稍显复杂，因此以上单独列出。作为工程投资形成的固定资产折旧因与成本直接挂钩，对项目来说偏好较低的折旧率，对资本来说偏好较高的折旧率，基于科技创新与技术进步对污水处理与海水淡化成本的乐观预期及对灌溉节水空间的市场想象，近海的跨流域调水在折旧率方面应更倾向于较高的折旧回报。

3 现阶段跨流域调水工程的水价困境（影响因素）

水价困境的含义主要包含三方面内容：

（1）同水不同价。水资源（费）在不同行业与产业的价值差异导致同水不同价，表现为绝对权重的灌溉水价较低，权重相对小的经营性水价较高。

（2）多水源条件下的供水选择导致较高成本的跨流域水价无人问津。

（3）跨流域调水工程自身水价成本居高不下，市场条件下项目运营进退两难。

3.1 水资源在不同行业与产业的价值差异导致的水价困境

（1）基于传统种植业的单位产出价值较低（虽然水地相比旱地有明显的产量增加），

水资源在灌溉效益上的预期具有明显的弱势。一方面单位水的灌溉价值无法与工业、经营服务业（包括养殖业）等其它用水行业的单位产值相比（以 2012 年全国亩均用水量 404m³ 可知灌溉水价值），导致占用水绝对权重的灌溉水在名义上有需求（水地比重小或耕地灌溉不足），但实际供水明显缺乏动力。另一方面现有土地产权（承包或流转权）过于分散也降低了种植户对田间节水的投资意愿。显然以灌溉需求为目标的跨流域调水市场条件下是基本不可能实现的，相反，市场总是不乏有将灌溉水权转为他用的冲动，尤其当节水投资可能高于成本差价时，水权转换不可避免。

（2）水资源的公地效应。水资源在航运、渔业、环境、生态、自然景观等方面的社会公共属性使其在现有游戏规则下成为市场博弈最大的牺牲品，在发展压倒一切的旗帜下，排污和超采成为市场的不二选择与竞争策略，尤其地下水的超采不为公众注意，由此引起的水环境变化或地质环境改变，最终仍要由社会公共承担，对以超采、非超采分区的水资源费，打破均衡的超采者并未有额外的溢价支出。显然以生态环境或超采置换为目标的跨流域调水在水资源的公地效应未得有效遏制且水价成本不具优势条件下是难以市场化运行的。

3.2 多水源条件下的水价困境

因水源条件不同导致终端水存在包括自备水、流域内自来水或水利工程等公共供水、再生水及跨流域水源等多水源条件的成本差异。自备水成本主要为本地水资源费、电费；流域内自来水或水利工程等公共供水成本主要为公共供水的水资源费、管网投资及维护费用等；再生水成本主要为水处理费、管网投资及维护费用等；跨流域工程水源成本为调出区水资源费、调出区水源工程、流域间的工程投资及费用分摊、流域内管网投资及维护费用、环境影响补偿等。正常情况下对用（供）水户来说总是愿意启用成本较低的供水水源，首先是自备水，其次是公共供水，再其次成本较高的跨流域调水。虽然存在在不同产业和行业间进行水资源费差别调整的空间，例如为了鼓励利用再生水或控制本地水资源超采或直接鼓励利用成本很高的调水水源，都可通过提高本地水资源费标准实现。但本地水资源费不可能无限拔高，首先是本地水资源费提高会导致社会平均机会成本的提高，结果可能是长安米贵，居之不易；其次会继续拉大行业差异，放大农灌水的洼地效应，催化水权转换市场的变异。总之，多水源条件下的供水选择会导致较高成本的跨流域水价无人问津，超采或作为博弈选择再次横行。

3.3 跨流域调水工程自身水价成本居高不下导致的水价困境

由于水环境影响或工程条件限制导致水价成本难以控制、居高不下，不得已而为之。

3.4 跨流域的两部制水价局限

两部制水价是基本水价与计量水价相结合的水价政策。一方面，基于水价在不同行业与产业的价值差异、多水源选择等水价困境及规划需水的不确定性，使得跨流域的两部制水价实际很难执行。另一方面，以基本水价为主的两部制在充分降低终端用水户对公共固定成本的分摊、最大限度维护供水工程资本运营的同时，无疑也会抑制以节水创新、中水回用及海水淡化等为主的新水权市场的发展空间。例如当出现农灌水的节水成本有利于水权转换市场对跨流域调水工程的水价优势并可替代跨流域水源时，基本水价便成为市场当然的壁垒与拦路虎。

4 用水增量与水权溢价

水权是基于水资源国家所有法定条件下的开发、利用权，并受国家保护。现代水权的主要表现形式为取水许可证，从历史传承角度，现代水权也不排斥先占用先拥有者的使用权，例如我国《中华人民共和国水法》明确：农村集体经济组织及其成员使用本集体经济组织的水库、水塘中的水或家庭生活和零星散养、圈养禽畜饮用等少量取水无需申领取水许可证。水权具有排它性、有限性，与水权对应的是受取水许可条件限制的许可量或受本地水资源条件限制的可采量（存量），因此任何以超采或需求形式表现的增量都需要逾越水权（存量）这道门坎：换句话说增量是需要额外的补偿或溢价支出的。基于生活和农灌水先天的水权特征，工业需水总是扮演着增量的角色（我国大规模工业化主要源自 20 世纪 80 年代），增量越大，溢价越高，并且市场总是愿意选择那些能够负担溢价并能产生超额价值的增量。溢价一方面可促进以灌溉为主的存量用水的节水投入，通过节水量（水资源存量提高会增加水权的有效供给）进行水权的部分转换，另一方面溢价在促进经济增长方式转变、促进技术创新过程中，更可过滤那些例如以产能过剩、以资（能）源损（消）耗为主附加值（尤其过时的出口换汇）一类的伪需求。

5 跨流域调水工程的水价政策

跨流域调水水价政策的核心首先是水价成本必须要充分反映水资源的真实价值，如果水价在多水源市场具成本优势，一切问题似乎可迎刃而解，否则就需要针对市场的有效需求建立以市场竞价（量）为主、财政补贴为辅的虚拟水价（水量）政策。

5.1 建立以市场竞价（量）为主的虚拟水价（水量）政策

市场竞价是基于水权溢价的市场选择，竞价标的水权即水量的使用或重新分配权，水价为跨流域调水的完全成本加适当的利润和税金。因此市场竞价需要水价成本的完全公开透明，包括与水量无关的以资、能源消耗为特征的固定成本和与水量相关的以资源补偿为特征的价值转移。作为竞价主体的需求一方，可以是地方政府或水务公司或直接面对终端用水户，当竞标水量超出设计调水量时，价高者中标；当竞标水量低于设计调水量时，不足部分作为虚拟需求由虚拟基金（财政补贴）按水价成本接手用于水权的二次分配，二次分配在初始水权（价）基础上采用累进制（水权溢价要求），收益用于平衡虚拟基金盈亏。初始水权具优先权，即可优先自然承继，也可主动或自动放弃（无需负担基本水价），总之要达到水量的虚拟均衡并保证水价在成本之上运行。

5.2 虚拟水价（量）特点

（1）市场公平性。虚拟水价的特点是首先保证水价在成本之上运行，因此也就保证了调水项目的有效运营，同时还可充分保护市场主体的权益，当虚拟需求为零时类同于两部制，当实际需求不足或无需求时也无需为项目负担高额的固定成本分摊。

（2）市场竞争的有效性。当出现有利于竞价主体降低水价成本的水权市场时，只需放弃竞标水权，弃标水权再次进入二次分配，无需额外的成本支出。溢价空间为市场提供了足够的节水动力，二次分配为市场提供了足够的创新空间。

5.3 虚拟水价政策内涵

虚拟水价的政策内涵就是引入虚拟需求，通过引入虚拟需求达到水量的虚拟均衡，进而成为市场调控的影子手段。以水价成本为虚拟需求埋单的财政支出是项目亏损的转移支付（仅当项目亏损时），并不会出现额外支出。相反，虚拟水价作为水资源增量的价值标尺有利于社会对水资源价值的重新评估，有利于促进节水型社会建设，同时对水权溢价的深入理解有助于抑制排污、治理超采，并且虚拟需求的存在有利于经济社会的可持续发展和为促进超额价值的创新提供水资源保障。

南水北调中线通水初期河北省可受纳水量及对应水价分析

李兵 王策 张振林

（河北水务集团）

摘　要： 南水北调中线通水在即，迫切需要确定工程运行初期河北省受水区可受纳水量。根据配套工程和受水区用水情况，确定可受纳水量需综合考虑五方面的因素，即供水目标的分配水量、供水目标用水量预测、水厂以上配套工程建设进度、水厂及配套管网建设进度、水厂处理能力，通过对各供水目标各影响因素的统计分析，测算受水区可受纳总水量。根据中线干线工程水价测算方法和取值，测算河北省配套工程水价及入水厂水价，分析水量与水价的关系，据此对运行初期提高供水量和降低水价提出了建议。

关键词： 南水北调中线；通水初期；水量；水价

1　前言

南水北调中线工程是缓解华北地区水资源短缺，实现水资源优化配置，保障经济社会可持续发展的重大战略性基础工程，经过十多年的建设，2014年汛后将正式通水，为合理制定运行初期供用水计划，编制受水区供水调度方案，科学测算运行初期水价，需确定河北省受水区运行初期可受纳水量，进而测算通水初期供水成本，分析供水量与供水成本的关系。本文对此项工作进行了探讨。

2　供水工程基本情况

2.1　中线干线工程

南水北调中线干线工程采用明渠输水，自丹江口水库引水到陶岔渠首闸，经唐白河流域西部过长江流域与淮河流域的分水岭方城垭口，沿黄淮海平原西部边缘，在郑州以西李村附近穿过黄河，沿京广铁路西侧北上，向输水沿线的河南、河北、北京、天津4个省（直辖市）的20多座城市提供生活和生产用水，输水干线全长1432km（其中，总干渠1276km，天津市输水干线156km）。

2.2　河北省配套工程

河北省水厂以上配套工程承接干线分水，通过廊涿、保沧、石津、邢清4条跨市干渠和输水管道供水到受水区，涉及的邯郸、邢台、石家庄、保定、沧州、衡水、廊坊7个设区市，92个县（市、区），134个供水目标。输水管渠总长度2055km（不包括沧州大浪淀水库直供线路），其中，明渠181km、箱涵93km、管道1781km。

河北省水厂及以下配套工程包括新建、改建地表水厂118座及相应的配水管网（不包括大浪淀水库直供用户），主要负责承接水厂以上配套工程供水，经水厂处理满足生活饮用水标准后，通过配水管网输送到用水户。较大的企业用水户采用直供方式供水。

3 可受纳水量分析

3.1 供水目标及设计水量

中线干线一期工程设计多年平均调水量94.93亿 m^3（从丹江口水库出口计），其中分配河北省水量34.7亿 m^3，到河北省境内干线口门年分水量30.39亿 m^3，到各省（直辖市）内供水目标27.35亿 m^3。根据配套工程初步设计报告，河北省受水区涉及7个设区市共有134个供水目标，供水目标及相应水量，详见表1。

表1　　　　　　　　河北省南水北调中线受水区供水目标及供水量表

受水区	供水目标/个	分配水量/亿 m^3
邯郸	20	3.52
邢台	20	3.52
石家庄	23	7.82
保定	26	5.51
廊坊	10	2.58
沧州	21	4.53
衡水	12	3.1
合计	134	30.39

3.2 受水区目前用水量及需水预测

根据《河北省水资源公报》（2010—2012年），对受水区［以县（市、区）为单元］3年可置换（工业和城镇）用水量进行统计，结果表明7个设区市受水区3年可置换的用水量比较稳定，均小于设计分配水量，年平均用水19.23亿 m^3，占河北省南水北调中线分水到水厂水量的70.3%。详见表2。

表2　　　　　　受水区可置换用水量统计表（2010—2012年）　　　　　　单位：亿 m^3

受水区	2010年	2011年	2012年	平均
邯郸	2.28	2.65	2.74	2.56
邢台	2.43	2.66	2.66	2.58

续表

受水区	2010 年	2011 年	2012 年	平均
石家庄	4.38	4.64	4.89	4.64
保定	3.53	4.02	3.94	3.83
廊坊	1.41	1.41	1.49	1.44
沧州	2.01	2.79	2.75	2.52
衡水	1.49	1.77	1.73	1.67
合计	17.53	19.94	20.2	19.24

根据《河北省水中长期供求规划》(2012 年)的用水预测研究成果,以 2012 年受水区工业及城镇用水量为基础,采用内插法预测 2015—2017 年受水区可置换用水量分别为 24.7 亿 m^3、26.2 亿 m^3、27.7 亿 m^3,分别占河北省南水北调中线分水到水厂水量的 90.3%、95.8% 和 101%。预测结果表明,若受水区水源置换各供水条件均满足,则 2017 年引水就可达到供水设计水量。详见表 3。

表 3　　　　受水区工业及城镇用水量预测表(2015—2017 年)　　　　单位:亿 m^3

受水区	2015 年	2016 年	2017 年
邯郸	0.91	1.31	1.34
邢台	1.56	1.86	1.89
石家庄	3.67	5.45	5.58
保定	0.27	1.39	4.06
廊坊	0.07	0.07	1.70
沧州	1.73	1.95	2.17
衡水	0.00	1.57	1.73
合计	8.21	13.60	18.48

3.3　水厂以上配套工程建设进度及供水量

水厂以上配套工程建设按照控制性工程、节点工程先期开工的要求,已审查完成穿越铁路、国省干道 114 处,水厂以上输水工程已批复的初设概算 285 亿元(不包括大浪淀水库直供投资)。根据 2014 年最新统计的建设进度计划,2015—2017 年水厂以上配套工程达到通水能力的供水目标可受纳到的水量分别为 19.96 亿 m^3、25.74 亿 m^3、27.35 亿 m^3 分别占河北省南水北调中线分水到水厂水量的 73.0%、94.1% 和 100%。统计表明,水厂以上配套工程建设稳步推进,建设进度及相应供水能力基本满足受水区供水要求。

3.4　水厂及配水管网建设进度及对应供水量

南水北调中线受水区拟新建、改建地表水厂 118 座及相应配水管网(不包括大浪淀水库直供),日处理能力总计 816 万 t。根据 2014 年最新统计的水厂建设计划,2014 年底可新建、改扩建成水厂日处理能力合计 411 万 t,年供水能力为 13.57 亿 m^3,大浪淀水库直供日处理能力 26 万 t,年供水能力为 0.94 亿 m³,合计 14.51 亿 m³,约占总处理能力的 48.8%;2015 年新增新建、改扩建成地表水厂日处理能力 172 万 t,大浪淀水库直供新增日处理能力 1 万 t,合计年供水能力为 20.21 亿 m³,约占总处理能力的 68.2%;2016 年以后建设完成的水厂新增日处理能力 233 万 t。118 座水厂全部建成后,日处理能力达到 816 万 t,大浪淀水库日直供 28.7 万 t,每年可消纳处理引江水能力 27.96 亿 m³,分别占设计总分配水量(到水厂入口)的 53.0%、73.9% 和 102%。具体详见表 4。统计表明,水厂及配套管网建设进度较慢,尤其是沧州大浪淀直供用户供水能力增长较缓。

表 4　　　　　2015—2017 年受水区水厂可处理水量表　　　　　单位:亿 m³

受水区	2015 年	2016 年	2017 年
邯郸	1.44	1.83	1.83
邢台	3.04	3.04	3.05
石家庄	4.79	8.71	8.58
保定	1.07	1.85	6.29
廊坊	0.10	0.10	3.23
沧州	2.19	2.37	2.57
衡水	1.88	2.31	2.42
合计	14.51	20.21	27.96

3.5　可受纳水量综合分析

通过以上对受水区工程可受纳水量统计、计算及分析,按照供水目标设计分配水量、2015—2017 年供水目标预测用水量、水厂以上配套工程建成时间对应的目标供水量、水厂及配水管网工程建成时间对应的供水能力等因素中取最小值的方法,对 121 个供水目标进行计算统计,并结合大浪淀供水能力与计划,2015—2017 年受水区供水工程可受纳水量分别为 8.21 亿 m³、13.60 亿 m³、18.48 亿 m³,分别占设计总分配水量(到水厂入口)的 30.0%、49.7% 和 67.6%,详见表 5。

表 5　　　　　2015—2017 年受水区可受纳水量表　　　　　单位:亿 m³

受水区	2015 年	2016 年	2017 年
邯郸	0.91	1.31	1.34
邢台	1.56	1.86	1.89
石家庄	3.67	5.45	5.58
保定	0.27	1.39	4.06
廊坊	0.07	0.07	1.70
沧州	1.73	1.95	2.17
衡水	0.00	1.57	1.73
合计	8.21	13.60	18.48

4 供水水价测算

4.1 干线工程水价测算

2014 年国家发展改革委办公厅印发的"关于征求《南水北调中线一期主体工程运行初期供水价格政策安排意见》意见的函"（发改价格[2014]1426 号），分布河北省中线主体工程成本加利润水价 1.48 元/m³、成本水价 1.23 元/m³ 和运行还贷水价 0.97 元/m³。建议运行初期主体工程供水价格按成本水价确定，不计利润，并按规定计征营业税及其附加。

4.2 水厂以上配套工程供水价格

河北省水厂以上配套工程供水成本主要包括原水费、还贷本金（还贷期不提折旧费）、人员工资及福利、工程管理费用、工程维护费用、动力费、其他费用、利息净支出、工程保险费、融资财务费用等 10 项。对干线水价测算采用的前 8 项费用取值均参照其确定，后 2 项参照相关标准执行。

当供水量达到设计分配水量时，按全成本水价方式入水厂水价为 2.70 元/m³，其中原水费 1.23 元/m³，配套工程水价为 1.47 元/m³。

4.3 运行初期水价

根据对受水区运行初期可受纳水量的分析测算结果，2015—2017 年工程可受纳水量分别为 8.21 亿 m³、13.60 亿 m³、18.48 亿 m³，相应 2015—2017 年入水厂成本分别为 9.00 元/m³、5.44 元/m³、4.00 元/m³。供水成本随着供水量的增加而大幅降低，可见供水量对供水成本的影响非常大，水量与供水成本的关系如图 1 所示。

水价成本由资源成本、工程成本和环境成本组成，若考虑水厂处理费及污水处理费，用水户的供水成本对应为 12.14 元/m³、8.58 元/m³、7.14 元/m³。受水区 7 个设区市城区 2010 年调整后综合加权平均水价 4.29 元/m³，县、乡镇的水价比设区市市区水价低更多。引江水供水成本明显高于本地水，为水源置换带来困难。

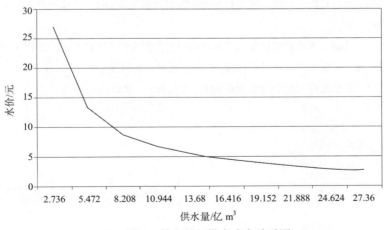

图 1 供水量与供水成本关系图

5 问题及建议

目前，从干线工程水价制定方法看，水价制定未充分考虑南水北调工程在我国配置水资源方面的战略地位，没有考虑最大限度发挥工程的引水功能，以及在受水区生态环境中的重大作用，过于强调工程的经济效益。南水北调中线通水时，河北省预测工程可受纳的水量只有设计分配水量的30%，较小的供水量导致单位供水成本大幅上涨。这种情况使用水户难以承受，水源置换更为困难。

统计分析表明，通水初期受水区预测需水量可消纳大部分供水量，而供水工程计划可供水量较小，影响受纳水量的主要原因是水厂及其配水管网建设进度慢。

根据以上情况，提出以下建议：

（1）呼吁国家降低干线工程水价，充分体现工程的准公益性特点，省政府采取补贴及减免税等政策降低配套工程水价，同时提高当地水水价标准，实现同区同质同价，为水源置换创造条件。

（2）水厂及配水管网建设主管部门应采取有效措施，加大投资力度，出台优惠政策多渠道吸引社会资金投资，促进水厂及管网建设进度。

（3）加强水资源管理，严格落实河北省地下水压采政策措施，保证受水区压采工作执行到位，促进水源及时置换。

通过以上措施，提高引江水供水量，保证水管单位正常运行，保证引江水真正实现引得来，供得出，最大限度实现南水北调工程的社会效益、环境效益，为促进河北省受水区社会经济可持续发展提供基本保证。

参考文献

[1] 王冠军，刘昌明. 南水北调东中线一期工程及受水区水价政策探讨[J]. 北京师范大学学报，2009，10(45): 590-594.

[2] 赵立敏，张艳红，李兵. 河北省南水北调受水区水价对策研究[J]. 河北水利，2013(5): 11.

[3] 龚友良. 南水北调工程受水区水价形成初探[J]. 中国水利，2014(4): 39-40.

[4] 王卓甫，李雪淋. 南水北调工程中线水价新论[J]. 人民黄河，2008(8): 1-2.

南水北调中线骨干工程水价合理标准与收费制度研究

王晓贞

（河北省水利水电第二勘测设计研究院）

摘　要：南水北调中线工程供水目标为工业城市为主，兼顾农业和环境，工程兼有经营性和公益性，国家投巨资兴建，目的是最大限度发挥工程综合效益，决不能因为经营者利益而影响工程整体效益发挥。并且，中线全线自流引水，工程已经建成，成本几乎全是固定成本，引水多少总成本基本不变。骨干工程高水价必然导致地方少引水，多用当地水，不仅造成投资的极大浪费，也与节约用水、改善环境的初衷背道而驰。因此，必须充分考虑工程公益性和用水户水价承受能力，慎重制定骨干工程水价标准与收费制度，以确保工程最大限度引水，发挥最大的综合效益。本文按照"还本付息、保证运行"的原则，测算了骨干工程合理水价，提出了水价执行标准和收费方式建议。

关键词：公益性；综合效益；固定成本；节水；环境

　　南水北调工程是国家优化资源配置、缓解北方地区严重缺水局面的重大战略性工程。经济和社会效益巨大，供水目标以工业和城镇为主，兼顾农业和环境，也就是工程既有经营性，又有公益性。就公益性而言，第一，由于缺少蓄水设施，工业和生活用水要求流量相对稳定，丰水年份和丰水季节出现多余水量，必须要供农业和环境，否则需弃水或减少引水，将造成投资的巨大浪费；第二，南水北调受水区大量农业用水和环境用水被工业和城镇挤占，造成灌区萎缩和地下水位大幅下降，南水替代出大量农业和生态水，对粮食安全和改善环境意义重大；第三，工程建成初期，工业和城镇用水量较少，多余水量只能用于农业和环境，补充地下水，增加水资源战略储备；第四，南水北调工程还解决了受水区数百万人长期饮用高氟水的问题；第五，供水工程是基础设施，保障国家经济安全和饮水安全，具有维护社会稳定和经济社会可持续发展的重要功能，本身就具有很强的公益性。因此，世界各国供水工程都不以盈利为目的，水源和输水工程的建设和运行政府给予大量财政补贴，并给予财税优惠政策。国内一些引调水工程，如引黄济青、引滦入津等也都没有盈利，水费只维持工程正常运行。国家已初步确定了"两部制水价"制度，2014 年 6 月国家发展和改革委员会又印发了征求意见的《南水北调中线一期主体工程运行初期供水价格政策安排说明》（以下简称《说明》），列明全线平均成本水价 1.23 元/m³，运行还贷水价 0.98 元/m³。河北省南水北调配套工程与其他省市情况有很大不同，供水目标分散，输水距离长，调蓄任务大。同时，配套工程主要依靠贷款和社会融资来解决，融资费用大，输水成本高。按照《说明》总干渠水价标准测算，河北省用户理论水价约超出用户水价承受能力 1.0 元/m³。如果骨干工程水价按《说明》标准执行，必然导致少引水，多用当地水，不仅造成国家和地方投资的极大浪费，而最终用水量并不会减少，会继续超采地下水和挤占农业用水，与节约用水、改善环境的初衷背道而驰。因此，那种认为骨干工程水价高有利节水的观点是不正确的。南水北调水价应充分体现工程的公益性，既要保证工程正常运行，又要保证工程发挥最大综合效益，也就是必须保证按最大设计能力引水。南水北调水价制度要真正兼顾经营性和公益性，避免出现水价过高、售水量过少、工程规模闲置、国家巨额投资浪费、继续牺牲环境等现象。如果水价标准和收费制度不能适应受水区实际情况，很难发挥南水北调工程的综合效益，不仅不能缓解北方缺水矛盾，还会因为售水量少使管理单位甚至国家背上沉重的包袱。

1 骨干工程合理水价分析

鉴于受水区用户水价承受能力低、工程公益性等原因，为了实现"保证运行、还本付息"的目标，运行初期政府应给予一定的水价补贴和财税优惠政策。

1.1 合理划分公益性和经营性比例

根据渠首引水长系列过程线，以河北省为例，总干渠河北省分水口门比较稳定的旬供水量是 0.80 亿 m³，其余旬供水量很不稳定，明显高于平均值或无水。工业城镇用户要求稳定供水，有些旬供水量超出或不能满足工业城镇用户正常需求，多余水量很难直接利用，只能用于农业和环境，或修建调蓄工程，而近期因资金紧张无法修建。来水量少时又必须启用后备水源。1956—1997 年 42 年中，有 84 个旬供水量为 0 或接近于 0，其余旬一般略高于 0.80 亿 m³，最多 1.385 亿 m³，平均一年能保证旬供水量 0.80 亿 m³ 的接近 34 旬。按一年供水 34 旬，旬供水量 0.80 亿 m³，年平均（能均匀供水的）口门供水量为 27.2 亿 m³，约为河北省年分配指标的 89%。长江勘测规划设计院曾预测运行初期为 5 ~ 10 年，生产负荷从 50% 逐步提高到 100%，即运行初期工业城镇用水生产能力利用率平均只能达到 75%（实际因配套资金不到位等原因，运行初期平均引水量低于 75%）。也就是说，能够稳定供应工业城镇的水量在 80% 以下。河北省南水北调受水区新规划平原蓄水水库，因资金短缺，在相当一段时期内无力建设，没有调蓄能力，这部分水量只能供农业和环境，且往往在非灌溉季节来水量大，农业利用也有困难，大多数水量只能用于改善河道生态环境（大水年份汛期可能弃水）。农业和环境用水基本属于公益性质，其水费理应由各级财政补贴解决。根据供水保证程度，农业环境用水比例，运行初期供水情况，以及工业城镇供水本身具有的公益性，可以初步确定南水北调工程经营性应小于 80%，公益性大于 20%。考虑工业城镇供水本身公益性，以及替换农业用水、改善地下水环境、增加地下水战略储备等因素，以及丹江口水库防洪功能，实际公益性比例应远高于 20%。南水北调工程公益性部分的费用应由政府财政承担，经营性成本可由用水户负担。

根据《说明》，中线一期主体工程总投资为 2528.82 亿元（见表 1）。干线工程年总成本费用为 92.644 亿元（含原水费，当然其费用取值值得商榷），其中年贷款利息为 16.429

亿元（含水源工程和渠首利息），贷款利息占总成本费用的 17.73%，低于公益性比例。建议运行初期中央财政贴息 5 年，以降低水价，保证足额引水。此后按照国务院"保证运行、还本付息"的要求，正常核定水价。

表1　　　　　　　　　　　南水北调中线一期工程总投资　　　　　　　单位：亿元

项目		总投资	投资构成							
			工程投资（不含价差）	建设期价差	征地移民	水环保	建设期利息	待运行费	干线防洪影响处理	其他新增投资
主体工程	干线	1617.24	943.41	144.82	378.63	13.14	96.50	11.03	11.31	18.40
	水源	556.43	29.72	40.90	457.87	3.90	23.85	0.19		
	汉江中下游治理工程	129.39	78.65	13.85	31.68	5.21				
	小计	2303.05	1051.77	199.57	868.18	22.25	120.35	11.22	11.31	18.40
库区及上游水环保		70.00				70.00				
过度性融资费用		155.77					155.77			
合计		2528.82	1051.77	199.57	868.18	92.25	276.12	11.22	11.31	18.40

1.2　骨干工程合理成本和水价分析

（1）水源工程（含陶岔渠首）水价。《说明》中，水源工程（含渠首）成本和水价计算结果明显偏高，将直接影响总干渠水价测算成果，应进行必要修改。

1）防洪与兴利投资分摊问题。本项目防洪投资和效益巨大，应进行防洪与兴利投资合理分摊，按库容比例，防洪应分摊丹江口大坝加高和移民补偿投资的 30%。防洪发挥社会效益，没有财务收入，防洪分摊运行费用及归还贷款本息应有中央财政负担。但考虑到丹江口水库运行费未享受政府财政补贴，本次计算水源工程折旧、维修费、贷款利息均计入供水水价，暂不考虑防洪分摊。

2）工程折旧费。《说明》中全部工程和移民投资都计提了折旧，不知移民投资折旧费（无形资产摊销费）上交给谁，用在何处。鉴于移民投资"资产"不需更新，且不是由水源公司出资，还贷期应只为满足还贷要求提取摊销费，全部用于还贷，还贷期过后应停止。大坝加高固定资产投资 29.72 亿元，推算价差为 7.46 亿元，建设期利息为 1.59 亿元，陶岔渠首投资约 6.80 亿元（暂计入水源工程，可能重复），水源工程投资合计 45.57 亿元。按 1.95% 计提折旧费，为 8890 万元。

3）摊销费。移民及水保环保投资形成无形资产，总投资约 522.6 亿元。应根据还贷需要可计提无形资产摊销费。水源工程总贷款额 72 亿元，分 15 年平均还本，每年 48000 万元。还贷期工程折旧费和摊销费应只按归还贷款本金需要计提，已计提折旧费 8890 万元，每年还需要计提摊销费 39110 万元。因移民投资形成无形资产，不需更新，考虑本工程公益性和水价承受能力以及摊销费不宜留在水源公司等原因，还贷期过后应及时中止计提摊销费。

4）工程维护费。运行初期工程维护费很少，考虑工程为大型工程，建设质量高，工程寿命长，预计还贷期不需要大修，日常维护费也不会太多，运行初期每年可安排 1000 万元，正常运行期维护费取大坝价高和渠首工程固定资产价值的 1%，4400 亿元。

5）工资福利费。《说明》中水源工程列了 140 人，渠首列了 65 人，显然偏多。应该按大坝加高后因供水管理需增加的人数计算。南水北调通水后，为供水只是陶岔渠首需要增加一些管理人员，水源工程其他部分基本不需增加管理人员。根据实际需要，水源工程新增人员取 15 人，渠首取 50 人，每人每年工资 44536 元，福利费取工资的 62%，年增加工资福利费为 469 万元。

6）管理费。根据经验，管理费取工资福利费的一倍足够，为 466 万元。

7）贷款利息。取《说明》中水源和渠首贷款利息之和，为 30650 万元。

8）其他费用。参照《说明》，按工程维护费、工资福利费和管理费的 5%，为 270 亿元。

中线工程一期工程多年平均北调水量 94.94 亿 m³，扣除刁河灌区现状用水 6.0 亿 m³，渠首新增毛供水量 88.94 亿 m³，正式通水第一年引水量取 50%，第 6 年或第 10 年（取 5 年）达到 100%。经计算，水源工程（含渠首）还贷理论水价 0.100 元/m³，还贷后 0.045 元/m³。如果运行初期国家能贴息、不计折旧和利润，水源工程水价为 0.003 元/m³。见表 2。

表 2　　　　　　　　　南水北调中线水源工程水价分析

序号	项目	经营期	运行初期（2015—2019 年）	还贷期（2020—2035 年）	还贷后	备注
1	总成本费用					大坝加高固定资产 29.72+价差 7.46+渠首 6.80+利息 1.59=45.57 亿元，未分摊
1.2	折旧费/亿元	0.800		0.889	0.889	折旧率 1.95%
1.3	摊销费/亿元	1.173		3.911		水源工程总贷款额 72 亿元，分 15 年平均还本，每年 4.80 亿元，用折旧 0.889 亿元后，应计计提摊销费 3.911 亿元，未分摊
1.4	工程维护费/亿元	0.406	0.100	0.440	0.440	运行初期很少，其他时段按水源投资 44 亿元的 1%，未分摊
1.5	工资福利费/亿元	0.047	0.047	0.047	0.047	暂按增加 65 人计，每人年工资 44536 万元，福利取 62%
1.6	管理费/亿元	0.047	0.047	0.047	0.047	工资福利的 1.0 倍
1.7	其他费用/亿元	0.025	0.010	0.027	0.027	维修费、工资、管理费的 5%
1.8	利息净支出/亿元	0.939		3.065	0.033	贷款 72 亿元，运行初期贴息，推迟还贷

序号	项目	经营期	运行初期（2015—2019年）	还贷期（2020—2035年）	还贷后	备注
1.9	总成本费用小计/亿元	3.437	0.203	8.425	1.482	
2	其中年运行费/亿元	0.525	0.203	0.560	0.560	多年平均北调水量 94.94 亿 m³，扣除刁河灌区现状用水 6.0 亿 m³，渠首新增毛供水量 88.94 亿 m³，第 1 年引水 50%，每年增加 10%，第 6 年达到 100%
3	渠首引水量/亿 m³	86.272	62.260	88.940	88.940	
4	单位成本/（元/m³）	0.039	0.003	0.095	0.017	
5	单位年运行费/（元/m³）	0.006	0.003	0.006	0.006	还贷后利润按大坝和渠首工程静态投资 39 亿元的 1%
8	水价/（元/m³，还贷后利润1%）	0.041	0.003	0.095	0.021	按库容比例分摊，防洪应分摊 30%。考虑防洪发挥社会效益，没有财务收入，工程折旧、维修费、水源区维护费、移民基金、贷款还本付息均由供水负担，未考虑防洪分摊
9	水价/（元/m³，还贷后利润6%）	0.055	0.003	0.095	0.043	
10	含税水价/（元/m³）	0.058	0.003	0.100	0.045	销售税金及附加取 5.5%

（2）输水工程水价。中线干线工程总投资 1617.24 亿元，其中贷款 335 亿元。工程成本计算如下。

1）水源工程水费。按上述水价标准和水量，年原水费为 0.203 亿～8.425 亿元。

2）工资福利费。工资福利费为 2.842 亿元，同《说明》。

3）管理费。按工资福利费的一倍计算，为 2.842 亿元。

4）工程维护费。初期运行期工程维护费很少，每年安排 1.00 亿元。正常运行期按不含建设期利息固定资产价值的 1.0%计算，年工程维护费为 11.42 亿元，其中还贷期按减半计算，为 5.71 亿元。按财务规定，不计提大修费，日常维护费据实计算，实际执行时可以前一年实际维修费作为计算下一年成本的依据。

5）其他费用。按《说明》取工程维护费、工资福利费和管理费的 5%，为 0.855 亿元。

6）折旧费和摊销费。总投资扣除移民投资形成固定资产原值，为 1238.61 亿元，折旧率取 1.95%计算，年折旧费为 24.15 亿元。为降低水价，运行初期不提折旧，还贷期仅按还贷要求提取折旧费和摊销费，贷款 335 亿元，分 15 年还本，每年归还本金 22.33 亿元。折旧费已满足还贷要求，不应再提取摊销费。

7）贷款利息。运行初期按国家贴息，还贷期年平均贷款利息 13.364 亿元，同《说明》。

8）利润。还贷后净资产利润率取1%，同时按6%测算。

渠首新增毛供水量88.94亿㎥，到总干渠分水口79.490亿㎥。经上述计算，河北省南水北调中线工程总干渠分水口水价为0.212～0.764元/㎥。见表3。

表3　　　　　　　　　　　南水北调中线总干渠河北省工程成本解析

序号	项目	经营期	运行初期 （2015—2019年）	还贷期 （2020—2035年）	还贷后	备注
1	总成本费用					
1.1	水源工程水费/亿元	4.841	0.203	8.425	3.822	动力费应只计沿途水闸电费，不含北京市提水电费
1.2	动力费/亿元	0.300	0.300	0.300	0.300	
1.3	工程维护费/亿元	10.849	5.71	11.42	11.42	不含利息固定资产价值的1%
1.4	工资福利费/亿元	2.842	2.842	2.842	2.842	同《说明》
1.5	管理费/亿元	2.842	2.842	2.842	2.842	工资福利费的一倍
1.6	其他费用/亿元	0.827	0.570	0.855	0.855	维护费、工资费、管理费的5%
1.7	折旧费/亿元	21.735		24.15	24.15	贷款335亿元，分15年还本，每年还22.33亿元，折旧费已够还贷，不再提摊销费、还贷期不计利润
1.8	摊销费/亿元					
1.9	利息净支出/亿元	4.084		13.364	0.124	还贷期同《说明》，初期建议贴息
1.10	总成本费用小计/亿元	48.319	12.47	64.20	46.36	
1.11	其中年运行费/亿元	22.501	12.47	26.68	22.08	
2	渠首引水量/亿㎥	86.272	62.260	88.940	88.940	第1年引水50%，每年增加10%，第6年达到100%
3	总干渠分水口供水量/亿㎥	77.105	55.643	79.490	79.490	
4	单位成本/（元/㎥）	0.549	0.200	0.722	0.521	
5	单位年运行费/（元/㎥）	0.259	0.200	0.300	0.248	
6	利润（净资产1%)/（元/㎥）	0.087			0.144	干线投资1617.24亿元，贷款335亿元，净资产1282.24亿元
7	水价（净资产利润1%)/（元/㎥）	0.636	0.200	0.722	0.665	
8	水价（净资产利润6%)/（元/㎥）	0.555	0.200	0.722	0.531	
9	含税水价/（元/㎥）	0.587	0.212	0.764	0.562	销售税金及附加取5.5%

2 南水北调水价制度设想

2.1 南水北调中线供水的特点

　　南水北调中线供水系统中，除南水北调水、当地地表水、地下水和再生水需联合调度外，南水北调水自身的供给、使用以及经营还有其特点。南水北调在不同年份、不同季节供水流量是不稳定的，而工业城市用水则要求流量基本稳定。由于配套工程建设和当地工业用水的切换需要有一个过程，从国内外大量调水工程实际看，都是在骨干工程建成后陆续发挥效益。根据长江水利委员会长江勘测规划设计研究院《可研报告》，南水北调工程运行初期按 5 年预测（曾预测 10 年），即 2015 年开始，逐年效益发挥流程为 50%，60%，70%，…，2019 年达到 100%，这是通水城市全部及时切换成南水北调水的情况。如果由于种种原因出现工业城市引用南水北调水减少，将直接影响供水成本和用户水价，这些都是在运营中需要严格控制和密切关注的问题。

　　在工程运行初期及正常运行期的丰水年份、丰水季节，满足工业城市用户需要以外的水量，不应弃水，也不应少引水，而应用于河道环境、地下水补充和农业用水，主要发挥环境和社会效益。受农业、环境用户水价承受能力限制，这部分水量水费收入将会很少（如果国家没有补贴政策，基本水费实际是地方额外负担，或摊入工业城镇实际水价）。

　　工程的经营管理、水价制定和水费管理应充分考虑来水不稳定和公益性特点。国家应在税收、投资、贷款、融资、投资回报、经营经济指标等方面，给予最大限度的经济优惠和政策倾斜。但是毕竟经营性在南水北调工程运行中占很重要的位置，应在政策范围内"还本付息、保证运行"。水价制度必须适应这些特点。

2.2 两部制水价存在的问题

　　为了保证工程良性运行，国家初步确定了两部制水价方案。这种水价模式基本站在经营者角度，对工程公益性考虑很少，无论遇到什么情况，如特枯年，经营者可以得到固定回报，而用水户没有权利，只有义务。但这种水价制度由于调水流量不稳定，工业城镇用水要求流量稳定，在工程运行初期和丰水年份、丰水季节必然出现富裕水量，即使两部制水价有鼓励引水的作用，由于其计量水价仍然远超过农业和环境承受能力，各省市宁愿白支付基本水费也不会买水用于农业、环境。因此，两部制水价不能保证工程足量引水，必然导致工程部分引水能力闲置，造成国家投资严重浪费。预交基本水费，没有基本水量，无论企业支付还是财政垫支都难以接受，实际上执行存在困难。不考虑工程的公益性供水和供水区实际情况，在运行初期期望回收完全成本，根据国内外大量供水工程经验，这种理想化的目标是难以实现的。两部制水价制度忽视了公益性，无论怎样鼓励用水，客观上都可能因为水价过高或受水区丰水年份出现少引水的情况。因此，应该选取供、用水各方都能接受又有利于发挥工程最大综合效益的收费方式。

2.3 水费征收方式设想

　　目前某些城市对用户实行或计划实行的超额累进制水价是对超量用水加价的阶梯式

水价制度，这种水价制度有利于节约用水。其前提是水资源短缺，作用是限制超定额用水。在缺水地区对最终用户实行超额累进制水价的确是促进节水的好办法。而南水北调骨干工程所面对的不是最终用户，而是批量购买者。在最终用水总量一定的情况下，减少外调水，必然多用当地水。并且中线工程全线自流，引水多少总成本费用基本不变，只要少引水就是损失。从工程经营、水资源优化配置和合理利用的角度，南水北调中线工程应鼓励各省（直辖市）多引水（是多引南水北调水，少用当地水，不是鼓励浪费水），以便最大限度地发挥调水工程综合效益，而不能限制引用南水北调水。因此，骨干工程运行初期不适用超额累进水价制度，而恰恰相反，应大幅降低水价，提高竞争力和用户用水积极性，把南水北调水真正用起来，才能控制当地水源的使用，以便保护环境和减少对农业的影响。总之，南水北调供水总公司的营销策略应该是在国家和水行政主管部门的宏观调控下，以用足用好外来水为目的，合理确定收费方式。

根据南水北调供水工程的特点、当地水特点、用户特点，以及工程运行初期工业城镇用水量少等特点，总干渠水费征收可以设想两种方案。

方案一：合同供水，计量收费。每年各省市或下级渠道管理单位向总干渠管理单位上报下年度工业生活引水计划，然后签订供水合同。合同中规定各省工业生活引水量、流量、水价、水费等双方权利和义务。这种方式存在的问题：一是各省工业、生活引水量增长速度不同步，不能保证足额用水；二是运行初期和丰水年、丰水季节，满足工业、生活用水后，剩余水量如何解决；三是不能足额引水造成工程引水能力限制怎么办。由于水价偏高，即便能执行两部制水价，从经济利益考虑各省难免少报引水计划，引水量少又会导致水价更高，用户难以承受，形成恶性循环。如果只按各省市工业、城镇引水计划供水，将会使工程部分引水能力闲置，不仅管理单位水费收入减少，还会造成国家投资的极大浪费。无论执行两部制水价、还是单一水价都无法达到充分利用外调水的目的。

方案二：足量供水，定额收费。针对第一方案的不足，收费制度就应有利于调动总干渠以下管理单位的积极性，鼓励各省（直辖市）多引水，由其承担工业、生活水量分配和收费的权利和义务。在工程运行初期，总干渠按最大设计供水能力供水，按满足工程运行最低经费（折旧、摊销仅满足还贷，维护费据实计算）要求核算并收取各省（直辖市）总水费，可称为"足量供水 定额收费"方案（平均水价 0.77 元/m³）。待工程运行正常后（或还贷期过后），可以考虑执行两部制水价。

方案二的优点是中线总公司按工程设计供水比例向各省（直辖市）供水即可，省却了国家总公司核算、分水和收费的工作量，可避免扯皮现象，调动各省（直辖市）级供水公司引水的积极性，只要综合水价合理，可确保工程最大限度发挥综合效益。

单就中线总公司水费收入来讲，由于引水量不足，执行两部制水价和按计划供水也无法达到目的。无论供水单位、用水户，还是社会环境，任何一方利益都无法实现最大化。以河北省为例，运行还贷水价为 0.974 元/m³，基本水价为 0.39 元/m³，计量水价 0.584 元/m³，由于配套工程建设滞后，最乐观估计，2015 年引水量为 10.133 亿 m³，为分配指标的三分之一，即便基本水费全部按时上交（能不能上交还是未知数），加上计量水费，按总分配水量折算，实付水价只有 0.585 元/m³，低于"足量供水 定额收费"方案的 0.77 元/m³。执行两部制水价和合同供水的结果是，供水企业没有足额回收运行还贷费用，用水户支付了高水价，社会效益和环境效益为零，造成国家投资浪费，是一个三方皆输的方案。

因此，建议采用方案二，即"足量供水 定额收费"方案。

3 结论与建议

南水北调中线工程兼有经营性和公益性，必须保证工程最大限度发挥经济、社会和环境综合效益。如果因为水价标准和收费制度不合理导致不能足量引水，造成国家投资浪费，无法向国家交代，也无法向受水区人民交代。通过测算，剔除不合理费用后，按照"归还贷款、保证运行"的原则，南水北调中线工程总干渠分水口水价可以降低到 0.77 元/m³，如果运行初期国家能贴息，水价还可大幅降低。建议运行初期推迟归还贷款本金时间，国家贴息 5 年，使南水北调供水迅速占领城市水市场，水源工程执行水价标准，运行初期 0.010 元/m³，还贷期 0.100 元/m³，还贷后 0.050 元/m³，总干渠分水口水价，运行初期 0.220 元/m³，还贷期 0.770 元/m³，还贷后 0.570 元/m³。在收费方式上，建议采用"足量供水，定额收费"的收费方式，以确保工程最大限度引水，发挥工程最大的综合效益。为了使执行水价既合理、具有权威性，又能被供用水各方愉快接受，建议国家发展和改革委员会组织召集供水单位和受水区各省（直辖市）水价专家，共同商定相关参数，进行合理水价测算，核定运行初期水价，此后依此为基础，每年根据上年财务报告和审计报告，适时调整维护费、工资管理费等费用指标，核定下一年度水价标准，以保证工程正常运行和综合效益发挥。

参考文献

[1] 国家发展和改革委员会. 南水北调中线一期主体工程运行初期供水价格政策安排说明[Z]. 2014.

[2] 原国家计委和建设部. 城市供水价格管理办法[Z]. 1998.

[3] 国家发展和改革委员会，水利部. 水利工程供水价格管理办法[Z]. 2004.

[4] 长江勘测规划设计院. 南水北调中线一期工程可行性研究总报告[R]. 2005.

[5] 河北省水利水电第二勘测设计研究院. 河北省南水北调工程配套工程可行性研究报告[R]. 2011.

跨流域调水工程水价改革实践初步探讨

靳佩琛

(河北省水利水电勘测设计研究院石家庄规划设计二处)

摘 要： 跨流域调水工程，影响的范围广，流域面积大。水源区和受水区隶属于不同的行政区域，两者之间财政、税收和投资体系相对独立。为制定不同的水价提供了研究和应用条件。因此，不同的地区需要区别计算调整水价。应多角度，从实际区域水资源的情况来着重某种方法，增加某项计算水价方法的权重。

关键词： 跨流域调水；水价；资源水价；工程水价；环境水价

跨流域调水，指修建跨越两个或两个以上流域的引水（调水）工程，将水资源较丰富流域的水调到水资源紧缺的流域，以达到地区间调剂水量盈亏，解决缺水地区水资源需求的一种重要措施。我国主要的跨流域调水工程有南水北调、引滦入津、引滦入唐、引黄济青、引黄入晋、东北的北水南调工程、引江济太、广东修建了东深引水工程、甘肃修建引大入秦工程等。然而，在实施这些大型跨流域调水项目之后，随之而来的是水价如何确定。这些大型水利工程，无疑耗费掉巨大的资金和国力。那么，要用什么形式来衡量这些来之不易的水源呢？那就是价格。

1 价格是反应水资源稀缺性最好的度量衡

价格是反映市场供求关系最直接、最灵敏的信号，是调整平衡各方面利益关系最有效的手段。如果把水资源总量、人均淡水资源量、人口增加情况看作是不变量和已知条件，供给和需求之间通过价格的变化来调节，就能很好的体现水资源应有的价值。

由于计划经济时期和改革开放工业发展初期，我们长期忽视价格杠杆的调节作用，水价既不反映市场供求关系，也不反映资源稀缺程度和环境污染成本，加剧了我国水资源的短缺和水环境的恶化。而只有当水价真正反映了资源稀缺程度和环境损害成本时，一个节水型社会和可持续利用的水资源体系、水环境的优化才能真正建立。

2 水价的组成

现行水价是由基础水价、公用事业附加费、污水处理费、水资源费四部分组成。目前，水利行业对构成水价的因素有几种看法。

方法一是从管理的角度提出构成水价的因素：供水成本、固定资产折旧及大修理费，这一观点是我国目前水价制定和执行的理论基础。

方法二是水利部汪恕诚部长提出的水价构成三个组成部分（资源水价、工程水价和环境水价）。

（1）资源水价是水资源费（税）或水权费。资源水价体现了国家对水资源拥有的产权，是国家水资源所有权的实现。通过征收合理的水资源费，可以促进技术开发，为节水、保护水资源和海水淡化技术的投入提供资金。

（2）工程水价是企业意义上的生产成本和产权收益。工程水价指供水企业实现原水到用户水所需要的输水、制水、配水费用。与工程水价对应的征收费用用于城市供水管网设施以及自来水厂水处理设施的定期更新，以支持城市用水处理和输送，保证城市正常供水和自来水水质达标。

（3）环境水价就是水污染处理成本。环境水价指城市污水收集、处理所需要的费用。污水处理费用于维持污水处理厂的运营，防止污水不经处理直接排放，体现了城市供水的环境效益。三者构成完整意义上的水价。

方法三是从中、微观经济上分析构成水价（P）的因素：边际成本（MP）、供水保证率（R）和盈利率（g）的关系如下：

$$P=f(MP, R, g)$$

3 跨流域调水工程，利用资源水价、工程水价、环境水价计算、调整水价较为合理

跨流域调水工程，影响的范围广，流域面积大。水源区和受水区隶属于不同的行政区域，两者之间财政、税收和投资体系相对独立。为制定不同的水价提供了研究和应用条件。因此，不同的地区需要区别计算调整水价。应多角度，从实际区域水资源的情况来着重某种方法，增加某项计算水价方法的权重。

在缺水的地方，经济往往不发达，生活水平低，直接导致水价过低，不利于节水社会的建设。而上调水价，却又加重了人民的生活负担。如果不调整水价，紧缺的水资源得不到应有的表现价值，供水企业亏损，资源浪费增加。应突出资源水价对水价的影响。

经济发达地区同样也有问题。水污染严重，治理污水的费用是引水费用的两倍，水资源浪费现象突出。在这样的地区，水价的构成，就应着重从环境水价方面计算。突出水污染治理的成本，从而从生产成本角度控制污染企业的排放量。

加之，各个区域的具体情况有所不同，如水资源在空间和时间上的分布、短缺程度以及地区的社会经济发展水平等，要由政府根据本区域的具体情况实行直接或间接的控制。

4 制定跨流域调水工程水价的积极作用

水资源归国家所有，制定合理的水价，调节水资源的供需平衡，保持水资源的可持续

利用，是国家实施社会、经济、资源、环境可持续发展的必然要求。水资源合理定价策略选择应该是价格随时间呈上凸曲线提高，即水价不断提高并最终趋近水资源价值。这种策略选择对完善环境资源市场，实现可持续发展具有重要的指导作用。

参考文献

[1] 汪敏. 跨流域调水水价的影响因素分析[J]. 水利经济，2009,27(2).

跨流域调水工程的水价制定与实施情况分析

王彤彤

（水利部南水北调规划设计管理局）

摘　要：水价在跨流域调水工程运行管理过程中起着重要作用。本文以水价制定的有关理论方法为基础，分析了跨流域调水工程水价的执行现状及其特点，并对影响调水工程水价的相关因素进行了分析，介绍了两部制水价的两种测算方法，并以山东省引黄济青工程为例，分析了工程供水价格制定及实施情况，得出了跨流域调水工程要及早开展水价制定相关工作、水价制定核心是价格统一管理、实施两部制水价对发挥调水工程效益具有一定的优势等结论。

关键词：水价；调水工程；运行管理；两部制水价

　　水价作为水资源市场供需的基本信号和水资源配置的重要手段，在跨流域调水工程运行管理中起重要作用。合理的水价制定将有力地促进水资源的优化配置、提高水资源的使用效率和效益、确保调水工程的持续良性运行。但水价制定影响因素复杂，尤其是跨流域调水工程具有较强的公益性，水价制定既要遵循社会主义市场经济的基本规律，还必须充分考虑政府公共管理目标、消费者支付意愿和基本承受能力等的影响。

1　水价制定的理论方法

　　在经济社会发展初期，全社会对水资源需求水平较低，水被认为是无价或低价资源。随着经济社会飞速发展，全社会对水的需求日益加大，水资源相对稀缺程度加剧，水资源潜在的经济价值逐渐显现，水价在水资源配置中的作用日趋明显，在不同发展阶段和不同水资源开发利用水平下形成了许多水价理论和方法。

表1　　　　　　　　　　　　　　　　水价制定的理论方法

理论方法	要素构成	主要特点
平均成本定价法	主要由水资源生产成本、利润和税金构成	又称"成本核算法"，是常见的垄断部门定价方法，其定价基础是平均成本的估计数，其中利润率一般取社会平均利润率
边际成本定价法	根据用水消耗的动态变化确定供水成本并确定水价	通过价格信号向用户提供系统供水的边际成本信息，确保用户用水所产生的边际收益等于系统供水的边际成本，从而实现供水效益最大化

理论方法	要素构成	主要特点
完全成本定价法	由水资源自身价值、生产成本、水资源利用的外部性成本和相应的社会机会成本构成	水资源的完全成本是指人们开发利用水资源所支付的各种成本的总和，是从另一个角度来说明可持续发展的水价制定方法
影子价格法	其他约束不变的条件下，水资源每增加一个单位带来的追加收益	表示在其他资源不变的条件下，水资源在最优产出水平时所具有的社会价值。反映了产品的供求状况和资源的稀缺程度，资源越丰富，其影子价格越低，反之亦然
CGE模型法	通过投入一产出表计算在经济均衡条件下水资源的相对价格	即"可计算一般均衡模型"。该模型能有效模拟宏观经济运行情况，可用来研究部门和商品以及资源的生产、消费情况，并能计算部门和商品价格

在实际应用中，平均成本定价法因为简单易行而被供水管理部门广泛采纳。我国政府规定，水利工程供水价格由供水生产成本、费用、利润和税金构成。其中供水生产成本是指正常供水生产过程中发生的直接工资、直接材料费、其他直接支出以及固定资产折旧费、修理费、水资源费等制造费用；供水生产费用是指为组织和管理供水生产经营而发生的合理销售费用、管理费用和财务费用；利润是指供水经营者从事正常供水生产经营获得的合理收益，按净资产利润率核定；税金则是指供水经营者按国家税法规定应该缴纳的并可计入水价的税金。

2 跨流域调水工程水价执行现状

大型跨流域调水工程具有较强的公益性，其水价制定受政府公共政策影响较大，反过来水价的执行又对调水工程的运行管理产生较大影响。纵观国内众多已建调水工程，在水价执行过程中均不同程度地表现出如下特点。

2.1 水价制定主要由政府部门调控，标准普遍偏低

作为支撑区域经济社会发展的重大基础设施，这些已建调水工程水价尚不能按市场经济规律和企业运作要求采取市场定价方法，需由各地物价部门和水行政主管部门共同商定，由政府进行干预和调控。

通常情况下，调水工程的供水成本包括人员工资与福利费、管理费、工程运行维护费、材料费、大修费、折旧费和其他费用等，其中利用贷款建设的项目在还贷期内还需考虑归还贷款的本金和利息。此外，在向城市供水的调水工程水价测算中大都考虑了 6%～10%的供水利润，在向农业供水的水价测算中仅考虑了成本水价。但实际执行过程中，政府部门为平抑基础物价水平，保证人民群众生活稳定和用水基本需求，并考虑当地价格总水平以及用水户承受能力等因素，确定的调水工程实际供水价格一般低于其成本测算水价。据不完全统计，国内已建调水工程现行供水水价与测算水价相比，水价到位率不足60%。尽管近年来大多调水工程水价经历了多次调整，但调整幅度和速度均滞后于供水成本的增长。

2.2 多数调水工程管理部门收益较少，运行管理困难

调水工程管理部门的主要收益是水费收入，从国内已建调水工程的水费收缴情况来看，除部分以城市供水为主、兼顾沿途农业用水的调水工程其农业用水水费较难收取外，其他调水工程无论是专向城市供水还是专向农业灌溉供水的水费都基本能够全额收取。

但目前绝大多数调水工程水价标准普遍偏低，且许多工程实际供水量较少，调水工程管理单位所收水费仅能弥补基本工程管理经费和维持工程简单维护，工程折旧费用无法足额提取，工程必要的大修费和更新改造经费无法按计划安排，远不能满足调水工程良性循环和再生产的需要，有的甚至因工程隐患长期得不到解决而影响工程的正常运行和安全，导致许多工程管理单位出现入不敷出、财务亏损等状况，一些利用贷款修建的调水工程因无法依靠水费收入偿还内资、外资本息而改由地方省、市财政承担还贷任务，无形中加重了地方财政负担。

2.3 调水工程与当地水水价互不兼容，加剧水短缺和水浪费并存的局面

由于制度安排不合理，调水工程水价与当地水水价存在较大差异，如果调水工程水价较高，而用水户尤其是农民对水价的承受能力较低，必将增加农民的农业生产成本，由此带来的后果，一方面农民有可能减少对调水的用水量或弃耕转而从事其他生产方式，从而反过来影响调水工程管理部门的供水收入；另一方面考虑到当地水价较低，因此用水部门转而采用过度开发当地地表水和超采地下水的方式，产生新的生态环境危机。但无论是外调水还是当地水，过低的水价会对用水户用水失去制约作用，导致用水户节水意识淡薄，造成一些地区水资源短缺与水浪费并存、调水越多浪费越大的现象。

3 跨流域调水工程水价影响因素分析

调水工程的规划、设计、建设和运行管理等诸多方面都对水价形成产生重要影响。合理的水价形成机制离不开调水工程前前后后的整个环节，其中如下几个方面的影响因素尤为重要。

3.1 调水工程的规模和投资方面

在调水工程的前期规划论证阶段，需要对调水规模进行科学合理的测算。调水规模的确定一方面受水源区可调水量的限制，另一方面更为重要的是，与受水区当前和未来一个阶段实际和可能的需用水量直接相关。需水预测涉及区域人口增长、经济结构和产业结构及其发展变化、以及区域宏观经济发展布局等诸多层面，同时又受到不同地方政治、经济、政策以及环境变化等的影响制约，因此在需水量确定过程中存在着较大的不确定性。受传统的水资源需求预测方法影响，由于对区域节水措施和水资源综合利用潜力评估不够，我国近年来需水预测结果普遍偏高，过大的设计调水规模对未来调水工程运行尤其是水价产生很大影响，工程建成运行后其实际供水量可能长期达不到设计供水规模，由此带来的后果，一方面由于实际需供水量较小而直接影响供水收益，另一方面工程管理单位则因为工程建设规模过大而支付较高的供水成本，如果水价不到位，管理单位则因财务收益较少、

供水收益较低而面临工程不能正常运行、维护、和管理的局面。

此外，在投资方面，有些调水工程为争取尽早立项，在前期规划设计论证过程中有意削减必要的附属项目和工程量，压缩工程造价和投资，甚至编制虚假"上马概算"，使得工程投资额大大低于工程实际需要的建设资金，据此测算的供水成本与维持工程正常运行所需的成本费用相差甚远，测算的水价也缺乏真实性，在工程正常运行后再试图大幅度提高供水水价十分艰难。

因此，为确保调水工程在建成后能够良性运行，在规划论证阶段必须科学合理地确定供水规模，尽可能挖掘受水区水资源的开发利用潜力，并对受水区节水潜力和水资源利用效率作出前瞻性的评判，尽量避免"上马概算"现象的发生，同时为降低工程风险，应尽量采用分期建设方案。

3.2 水量调入区的水资源配置制度方面

在调水工程正式上马之前，应对调入水和当地水进行统筹规划和综合管理，通过科学合理有效的制度建设保障水资源的优化配置和高效利用。

但在具体实施中，有些单位在确定供水规模时一般按受水区干旱年或特别干旱年的水资源状况考虑，而较少将外调水与当地水进行不同典型年的水资源统一调配论证，对受水区可能来水丰沛情况下拟建调水工程的供水量大小影响缺乏综合分析，并且对在不同来水条件下调水工程的基本供水量无明确的需求计划和用水承诺。在这种情况下，当受水区来水量较大时，由于当地水水价较低，用水户往往优先就近取用当地水，而将外调水源作为补充水源，使调水工程管理单位面临较大的运行管理风险，调水工程不得不处于备用或闲置状态。

因此在调水工程规划阶段，必须统筹考虑外调水和当地水在不同来水条件下的水资源综合利用模式，通过用水承诺和制度保障尽可能发挥区域水资源综合效益，避免供水工程管理部门在受水区来水较为丰沛时面临工程长期闲置的风险。

3.3 其他相关因素

调水工程大多实行跨流域或区域引水，水量调出、调入区和工程沿线涉及众多利益部门，管理机构设置难度较大，往往存在水源、干线、配套工程等众多管理部门以及工程建设与运行管理等不同的组织机构，容易导致建管脱节和利益冲突，处理不当势必耗费大量管理交易成本，最终通过水价成本过高体现出来。

此外，在调水工程前期规划阶段如果对工程建设的关键技术问题缺乏充分论证而仓促上马，则容易导致工程开工后遇到前所未料的重大技术困难，造成工程延误和投资追加，反过来势必增加了未来工程供水成本。

4 两部制水价内容组成及测算方法

目前，两部制水价有两种测算方法。

4.1 方法一:《城市供水价格管理办法》提出的两部制水价测算办法

按照《城市供水价格管理办法》规定,容量水价用于补偿供水的固定资产成本,按年设计供水量确定应足额缴纳容量水费;计量水价用于补偿供水的运营成本,每年按实际供水量缴纳计量水费。具体核算公式如下:

容量基价=(年固定资产折旧额+年固定资产投资利息)/年分配水量

容量水费=容量基价×分配水量

计量基价=[成本+费用+税金+利润−(年固定资产折旧额+年固定资产投资利息)]/年实际取水量

计量水费=计量基价×实际取水量

4.2 方法二:《水利工程供水价格管理办法》提出的两部制水价测算办法

按照《水利工程供水价格管理办法》,水利工程供水应逐步推行基本水价和计量水价相结合的两部制水价。基本水价按补充水直接工资、管理费用和50%的折旧费、修理费的原则核定;计量水价按补偿基本水价以外的水资源费、材料费等其他成本、费用以及计入规定利润和税金的原则核定。具体核算公式如下:

两部制水价=基本水价+计量水价

基本基价=(直接工资+管理费用+50%折旧费+50%修理费)/年分配水量

基本水费=基本基价×分配水量

计量基价=[50%折旧费+50%修理费+直接材料费(含原水费)+其他直接支出+制造费用(不含折旧费、修理费、水资源费)+营业费用+财务费用+水资源费]/年实际取水量

计量水费=计量基价×实际取水量。

4.3 两种测算方法的比较分析

上述两种测算两部制水价方法的基本模式和实质目的是一致的,都是对供水工程发生的生产成本、费用中的固定成本、可变成本采取不同的补偿方式,达到有利于供水单位的生产费用在年际之间得到均衡补偿,用水户在年际之间均衡地负担费用的目的[6]。在设计供水量情况下,两种方法用水户付出的总水费是相同的。但其中的容量(基本)水价、计量水价补偿的成本费用组成和水费的支付方式有所不同。

5 黄济青工程案例

引黄济青工程是国内首个实施两部制水价制度的跨流域调水工程,自 1989 年 11 月 25 日建成通水以来,工程供水水价先后经过几次制定和调整,具体实施过程见表 2。

表 2　　　　　　　　引黄济青工程水价制定和调整过程汇总表

阶段	时间	基本水量 /(万 m³)	基本水价 /万元	水费标准 /(元/m³)	计量水价 /(元/m³)
工程正式通水前	1989 年 11 月	3700	1440	0.38	按计量水费办法收取

续表

阶段	时间	基本水量 /（万 m³）	基本水价 /万元	水费标准 /（元/m³）	计量水价 /（元/m³）
工程正式通水后	1993 年 1 月	3700	3840	0.89	0.470
	1994 年 1 月				0.645
	1995 年 7 月				0.825
新的两部制水价（含税）	1995 年 1 月	9000	8212.5	0.91	0.825
	2006 年 9 月	9000	7598.5	0.84	0.340
	2007 年 9 月				0.685
	2008 年 1 月				0.776
	2007 年 9 月前	<9000	8045	—	0.360
	2007 年 9 月后				0.725
	2007 年 12 月前	>9000			0.725
	2008 年起				0.822

5.1　工程正式通水前水价政策的制定

为使引黄济青工程在正式通水后正常向青岛市供水，1989 年 11 月山东省政府印发了《山东省引黄济青工程水费计收和管理办法》，明确青岛市工业用水水费按供水成本计收，标准为 0.380 元/m³；生活用水水费年度内按 1440 万 m³ 低于供水成本计算，标准为 0.087 元/m³。实行基本水费和计量水费相结合的制度，年度内不用水或用水量达不到 3700 万 m³ 时均收取基本水费 1400 万元；用水量超过 3700 万 m³ 时按计量水费办法收取水费。引黄济青工程建成运行以来实际用水过程图如图 1 所示。

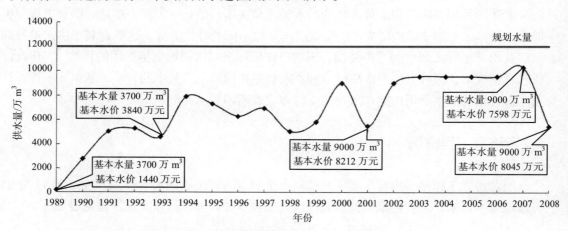

图 1　引黄济青工程建成运行以来实际用水过程图示

5.2　工程正式通水后水价政策的调整

1993—1995 年山东省政府三次下发通知，将引黄济青工程供水价格上调为 0.89 元/m³。其中，1993 年开始将年基本水量、基本水费分别调整为 3700 万 m³ 和 3840 万元，超过 3700

万 m^3 按计量水价 0.47 元/m^3 收取；1994 年 3 月核调计量水价为 0.645 元/m^3；1995 年 7 月核调计量水价为 0.825 元/m^3，基本水量、基本水费等不变。

2001 年 9 月，山东省政府再次调整引黄济青工程向青岛供水的基本水量为 9000 万 m^3，基本水费为 8212.5 万元，年用水量超过 9000 万 m^3 后的计量水价仍执行原标准即 0.825 元/m^3。

5.3 新的两部制水价的调整和制定

2006 年 8 月，山东省政府按两部制水价办法对引黄济青工程的供水价格再次进行了调整，确定自 2007 年 1 月 1 日起分两步将引黄济青工程供水价格提高到保本水平。青岛市用水年基本水费为 7598.5 万元，基本水量为 9000 万 m^3，计量水价为 0.685 元/m^3，分两步执行到位：2006 年 9 月 1 日至 2007 年 8 月 31 日，计量水价为 0.34 元/m^3；2007 年 9 月 1 日起，计量水价为 0.685 元/m^3。自 2008 年起，计量水价执行 0.776 元/m^3。

此外，山东省政府于 2007 年 11 月明确了引黄济青工程含税的基本水费为 8045 万元；含税的计量水价，在年供水 9000 万 m^3 以内，于 2007 年 9 月 1 日之前执行 0.36 元/m^3，之后执行 0.725 元/m^3；年供水超过 9000 万 m^3，2007 年底前执行 0.725 元/m^3，2008 年起执行 0.822 元/m^3。

5.4 工程沿线农业供水水价的制定

1993 年 2 月，山东省政府对引黄济青工程沿线的农业供水价格等进行了明确。工程自上游至下游，按照泵站级次分段供水成本为：博兴一干 0.05 元/m^3，宋庄泵站以上 0.105 元/m^3，王耨泵站以上 0.121 元/m^3，亭口泵站以上 0.151 元/m^3，入库泵站以上 0.183 元/m^3。水费收缴采取逐步到位的办法，1993 年暂按成本的 60% 计收。一直以来，农业供水只收成本价，且供水水价一直未进行调整。

6 结语

调水工程建成后，水价即成为确保工程良性运行的重要手段。水价政策制定涉及范围广，牵扯利益群体多，需要协调的工作量大，需要及早开展相关工作。在具体实施中，要摸清受水区水价现状，确定合理的定价方式，构建受水区统筹不同水源的水价体系及制度框架，从而制定较强可操作性和可承受的水价政策，确保工程通水后正常运行。

同时在水价制定上要统筹当地水与调入水，核心是水价格统一管理。要通过调入水价与当地水价、地表水价与地下水价，公共供水水价和自备供水水价的统一管理，促进不同水源之间优化配置和高效利用。要达到这一目的，实施两部制水价是一个重要手段。

实行两部制水价对发挥引调水工程效益的优势在于：规划建设阶段可以通过两部制水价确定各地真正的水量需求，科学确定调水规模；工程建成投入运营以后，可以通过两部制水价实现平稳过渡，缩小调入水价与当地水价的差距，促使受水区多用调入水，从而置换超采的地下水、挤占的农业和生态水，达到改善受水区生态环境的目的。

参考文献

[1] 水利部南水北调规划设计管理局. 南水北调东线、中线一期工程供水成本和价格测算报告[R]. 2012.

[2] 姜文来. 水资源价值论[M]. 北京:科学出版社, 1999.

[3] 水利部南水北调规划设计管理局, 山东省胶东调水局. 引黄济青及其对我国跨流域调水工程的启示[M]. 北京：中国水利水电出版社, 2009.

[4] 李梅. 跨流域调水工程水价研究[J]. 人民黄河，2008, 30(2).

[5] 沈大军, 梁瑞驹, 王浩, 等. 水价理论与实践[M]. 北京: 科学出版社, 1999.

[6] 张军，王华，董温荣，等. 南水北调供水两部制水价模式探讨[J]. 水利经济, 2006,(24)3.

几个已建成典型调水工程水价政策浅析

高媛媛[1]　殷小琳[2]

（1.水利部南水北调规划设计管理局；2.中国水利水电科学研究院）

摘　要：本文通过搜集相关资料，在对我国目前已建重要跨流域调水工程的水价政策进行总结和经验分析的基础上，提出了相关建议。大型跨流域调水工程宜实施两部制水价制度，且鉴于自负盈亏的经营模式难以保障调水工程综合效益的充分发挥，故调水工程应当回归公益性本位。

关键词：调水工程；水价政策；两部制水价

1　引言

我国水资源时空分布不均，且水资源与人口分布和经济发展极不均衡。为解决经济社会发展与水资源短缺之间的矛盾，一些大型跨流域调水工程应运而生。跨流域调水工程作为缓解水资源短缺、优化水资源配置的大型基础设施，对保障经济社会可持续发展具有重大作用和意义。跨流域调水工程涉及面广，投资巨大，管理复杂，而科学合理的水价政策是工程取得预期供水效益、保证工程良性运行、避免调水工程经济风险的重要制度保障。许多已建大型调水工程结合自身性质、供水对象及工程目标等特点对水价制定开展了实践与探索，积累了丰富的经验，可为其他调水工程提供有益借鉴。本研究选取了引黄济青、引黄入晋、东深供水、引大入秦等四项工程进行了总结和分析。

2　已建成典型调水工程水价政策

2.1　引黄济青工程

（1）工程概况。引黄济青工程是解决山东省水资源紧缺的战略性公益工程。工程自博兴打渔张引水至青岛市白沙水厂，全长 290km，途径滨州、东营、潍坊、青岛 4 市、10 个县（市、区），渠首设计流量 $38.5m^3/s$，年输水时间 70d，向青岛年供水总量 10950 万 m^3，总投资 9.53 亿元。1989 年竣工通水。

（2）水价政策[1,2]。引黄济青工程 1989—2006 年期间采取准两部制水价，这一水价是为了减少受水区青岛在工程运行初期的负担而采取的政策，对青岛市供水实行基本水费和计量水费相结合的制度。基本水费为 1400 万元，对应的基本水量为 3700 万 m^3，年用水量超过 3700 万 m^3 的水量执行计量水费。由于此水价政策的水费收入偏低，加上各项支出费用的增加，每年水费收入不足供水成本的 1/3。为避免恶性循环，山东省结合当时有关规定和物价水平、青岛市用水情况，对供水成本进一步核算，将基本水量提高至 9000 万 m³，基本水费增至 8212.5 万元，同时计量水价价格也有了一定幅度的提高，保障了工程的良性运行。

2007 年以来的两部制水价阶段。工程通水运行以后，有效缓解了青岛市水资源短缺的困境。工程自 2007 年至今执行《水利工程供水价格管理办法》确定的两部制水价政策，进一步明确了基本水费、计量水价执行标准。经多次调整，引黄济青工程目前执行的水价政策为：含税基本水费 8045 万元；含税计量水价，年供水 9000 万 m³ 以内执行 0.725 元/m³，年供水超过 9000 万 m³ 执行 0.822 元/m³。

2.2 引大入秦工程

（1）工程概况。引大入秦工程是将黄河支流大通河水跨流域引入甘肃省兰州市秦王川地区的大型水利工程。工程跨越甘青 2 省 4 市 6 县（区），干支渠长 1265km，工程设计引水流量 32m³/s，加大引水流量 36m³/s，设计年引水量 4.43 亿 m³，概算总投资 28.33 亿元。工程于 1995 年建成。

（2）水价政策[3,4]。引大入秦工程兴建目的是解决受水区农业发展面临的水资源制约问题。较之其他工程，工程水价偏低。运行初期，考虑到农户的承受能力，按亩收取水费，每亩收取 10 元/次。1996 年甘肃省以《关于引大入秦灌溉工程供水价格的通知》，正式确定引大入秦灌溉供水价格，规定自 1996 年 4 月 1 日起，计量水价不分用途，均按 0.1 元/m³ 收取，农业用水基本水价按每亩每年 1.5 元另行收取。1998 年，工程以补偿成本，合理收益，区别用途，逐步调整到位为原则，对灌溉水价进行调整，调整后农田灌溉用水计量水价由 0.1 元/m³ 调整至 0.15 元/m³，基本水价仍执行每亩每年 1.5 元的标准；为照顾移民，鼓励开垦，对新开垦的荒地在第一个灌溉年度内实行优惠水价政策，即按 0.13 元/m³ 价格执行，在第二个灌溉年度起执行 0.15 元/m³ 的价格；灌区供工业用水、建筑用水和经营性用水，按 0.3 元/m³ 收取。

2.3 引黄入晋工程

（1）工程概况。引黄入晋工程主要目的是向太原、大同和朔州三个城市供水。工程对解决山西省水资源紧缺，促进经济社会可持续发展、改善生态环境有重要意义。工程由万家寨水利枢纽和引水工程两大部分组成，从黄河万家寨水库取水。设计年引水量 12 亿 m³，引水线路总长 441.8km。

（2）水价政策。水价是引黄入晋工程长期稳定运行和供水区水资源的优化配置的关键因素之一。由于万家寨引黄入晋工程是具有社会公益性质的调水工程，因此按照"补偿成本、合理收益、公平负担"的原则制定水价[5,6]。该工程水价的制定和调整分为两个阶段：2003—2008 年为补贴运营阶段，销售水价充分考虑居民和企业的承受能力，对供水企业因水价不能按成本到位而形成的亏损，由省、市政府给予补贴。2008 年以后为第二阶段，即资金积累阶段，水价除满足供水企业盈亏平衡外，还可通过折旧、利润等方式实现资金积累。

2.4　东深供水工程

（1）工程概况。东深供水工程是向香港、深圳及工程沿线东莞城镇提供原水的大型跨流域调水工程。自 1965 年以来，东深供水工程共进行了四次大规模扩建和改建。第四次改建自 2000 年起，对东深供水工程进行彻底改造，将供水系统由原来的天然河道和人工渠道改为封闭的专用输水管道。改造后的东深供水工程设计过水流量 100 m^3/s，年供水能力 24.23 亿 m^3。工程北起东江、南到深圳河，输水线路全长 68 km。

（2）水价政策。根据供水对象不同，工程水价目前主要分为香港水价和东莞深圳水价两大类。两类水价的确定方法有所区别。其中，对港供水水价由省政府和香港特区政府谈判定价，水价的制定以及调整幅度在综合考虑工程运作费用的增幅、广东香港两地的有关物价指数以及港币对人民币的汇价变动的基础上协商决定。对东莞和深圳供水水价由省物价局按照《水利工程供水水价格管理办法》及《水利工程供水定价成本监审办法（试行）》等有关规定制定。定价方法为成本加成，成本的构成主要包括动力费用、人工成本、水资源费用、价格调节基金及制造费用等。据此，东莞至深圳沿线供水的价格，按抽水梯级和工程投资状况分为 11 个供水区间，各区间执行不同水价。其中东莞境内 9 个供水区间，平均供水价格为 0.404 元/m^3；深圳境内 2 个供水区间，平均供水价格为 0.776 元/m^3。

3　已建成跨流域调水工程水价政策分析

通过对上述跨流域调水工程水价政策进行总结和分析，可以看出我国目前跨流域调水工程水价政策制定中有如下特点。

（1）工程性质对水价政策制定有决定作用。水费收入是保障工程正常运转的重要资金来源，科学合理的水价政策对调水工程的良性运行起着至关重要的作用。鉴于水资源的特殊属性，目前我国的调水工程基本为准公益性质，如何科学合理地制定这类准公益性质工程的水价是跨流域调水工程的技术难点。水价过高不利于用水户的培育，水价过低则难以维持工程良性运行支出。只有将工程的性质与供水对象等特点考虑充分，才能在水价政策制定上找到突破口，制定出有利于工程良性运行的水价措施。如东深供水工程结合供水对象在水资源短缺程度及经济社会发展水平的差异，对港供水和对东莞深圳供水采取了不同的水价政策，确保了水费收入；引大入秦工程结合供水对象主要是农业用水户的特点，制定了较低的供水水价，培育了良好的水市场，目前，工程用水户逐渐增加，水费收入逐步提高。

（2）运行初期水价较低，经历了逐步调整到位的过程。调水工程涉及调入水与当地水的联合调度与配置，管理复杂，用水市场的培育是一个长期的过程，工程运行初期的水价不可能一步到位，需要根据用水户的水价承受能力、对调入水的接受程度、工程运行实际情况等进行逐步提高和调整。将水价逐步调整到位是目前调水工程普遍采取的做法。引黄济青工程运行初期充分考虑了青岛市实际承受能力，执行偏低的水价政策，在培育好用水户后，将水价分次分年度逐步提高到位，从而为工程管理单位的运行、设备的日常维修、更新等提供了资金保障。引黄入晋受水区地下水超采严重，且地下水开采的成本低于引黄入晋工程的水价，因此，工程的水价经历了一个补贴阶段，这一阶段为用水市场的培育起到重要作用，从而为工程效益的进一步发挥提供了必要保障。

（3）水价制定及水费征收需要完善的政策法规保障。水价的制定必须有法可依。前述各工程结合工程性质，制定了符合自身实际的水价和水费征收、使用管理办法，为水价制定及水费征收提供了依据，同时也对工程支出形成了法律约束。就引黄济青而言，为规范工程水价的制定，制定了《山东省引黄济青工程水费计收和管理办法》并明确规定有偿供水、水费收取制定、水费用途、水费收取方式等内容。就引大入秦而言，工程投入运行初期，相继制定出台了工程运行与调度管理的制度、办法，并汇编成册，颁布试行，形成了较为系统的管理制度体系，为工程的管理和保护提供了法律基础。

（4）水价制定和调整需要合理的运营管理体制保障。调水工程涉及面广，如前所述，目前多数工程水价均是逐步调整到位，而水价逐步调整需要科学的运营管理体制做保障。引大入秦就是一个成功的例子。引大入秦只所以能够以较低的水价供水，主要是由工程的供水对象及工程管理局"收支两条线"的运行模式共同作用的。所谓的"收支两条线"指的是，考虑到引大入秦工程的公益性性质以及对甘肃农业生产发展中的重要地位，该工程管理单位日常的运行管理费用等相关开支由甘肃省政府拨款，而工程的水费收入则需上缴至省政府，这种体制为水价政策制定和调整提供了重要保障。

4　结论与建议

（1）大型跨流域调水工程宜实施两部制水价制度。对于供水对象主要是城市和工业的调水工程来说，城市工业和生活用水过程较为稳定，但由于受水源区来水丰枯变化影响，调水工程年供水量的年际间有差异。对于供水对象为农业的调水工程而言，受水区的农业需水受当地降水情况影响大，从而影响到受水区所需的外调水量。而调水工程的正常运行需要持续稳定的资金保障。从这个角度说，跨流域调水工程宜实行两部制水价制度，即在确定的基本水量范围内，用水部门不管用水多少均需缴纳一定额度的基本水费，以保障调水工程基本的运行支出需要，超过基本水量后的用水量按计量水价收取计量水费。

（2）调水工程应当回归公益性本位。跨流域调水工程作为解决水资源短缺问题的重要途径，可有效缓解受水区用水紧张局面，促进经济、社会、生态的可持续发展；同时，调水工程也是一个战略性水利工程，其对一个区域的促进作用需要一个较长的时期才能体现。因此，对调水工程效果的衡量不应该只是经济价值，而应综合考虑社会价值、生态价值；另一方面，水资源作为一种特殊商品，是生活和生产的必需品，难以实现全成本回收。调水工程成本的回收不应仅局限于水费收入，而应综合考虑因调入水而带来的地区经济增长等带来的税收收入。因此，自负盈亏的经营模式难以保障调水工程综合效益的发挥，调水工程应回归公益性本位，不能单纯以营利为目的。若跨流域调水工程的管理和运行完全按照市场模式进行，工程管理单位必然提高水价以增加收入，而在用水户承受能力有限的情况下，提高水价则会降低调入水的使用量，继续过度开发利用当地水，从而导致工程运行的恶性循环以及生态环境的持续恶化。因此，考虑调水工程的公益性以及水资源的特殊性，调水工程管理单位所在地政府财政应适当承担调水工程管理单位一部分日常开支，或给予适当的财税优惠政策，以减轻调水工程正常运营所需要的资金压力。

参考文献

[1] 马吉刚, 孙培龙, 陈军, 等. 引黄济青工程多水源配置水价政策研究分析[J]. 水利科技与经济,2011, 17(12):40-42.

[2] 孙贻让. 合理利用水资源充分发挥综合效益——山东省"引黄济青"工程运行述评[J]. 中国人口·资源与环境，1991(Z1):20-24.

[3] 张汝石，袁其田. 引大入秦工程建设经验与启示[J]. 中国水利，1995(4):35-37.

[4] 张豫生，莫耀升. 引大入秦灌溉工程简介[J]. 人民黄河，1992(6):43-45.

[5] 黄河. 引黄入晋工程太原供水区水价问题的思考[J]. 中国水利，2002(5):22-24.

[6] 刘贵良. 万家寨引黄入晋工程(一期)水价分析[J]. 水利经济，2001(11):33-39.